高等职业教育"互联网+"新形态一体化教材

机电产品数字化设计

主　编　姜俊侠
副主编　刘明俊　肖永山　朱　军
参　编　殷　慧　孙　钦　刘秀娟　胡中雨
主　审　易先军

本书以UG NX 2212中文版操作软件为载体，结合典型案例，循序渐进地介绍软件功能和实战应用。本书图文并茂，简单易懂，重点突出，易学易用。全书共8个项目，内容包含UG NX软件基本知识、草图绘制、产品线架构绘制、智能充电器实体建模、紧急智能按钮实体建模、智能剃须刀造型、吸尘器盖工程图和智能玩具飞机装配。

本书结构严谨，内容丰富，条理清晰，实例典型，注重实用性和技巧性，适合作为高等职业教育本科及专科装备制造大类相关专业的教材，也可以作为模具、机械制造和产品设计人员的培训教材，还可以作为专业爱好者的参考用书。

为方便教学，本书配有部分操作视频文件、教学用PPT课件和教案等。选用本书作为授课教材的教师，可登录www.cmpedu.com注册并免费下载。

图书在版编目（CIP）数据

机电产品数字化设计 / 姜俊侠主编. -- 北京：机械工业出版社，2024.11. -- (高等职业教育"互联网+"新形态一体化教材). -- ISBN 978-7-111-77257-6

Ⅰ. TH122-39

中国国家版本馆CIP数据核字第20257AP290号

机械工业出版社（北京市百万庄大街22号　邮政编码100037）
策划编辑：赵红梅　　　　　责任编辑：赵红梅
责任校对：樊钟英　张　薇　封面设计：马若濛
责任印制：张　博
北京中科印刷有限公司印刷
2025年2月第1版第1次印刷
184mm×260mm・17.5印张・434千字
标准书号：ISBN 978-7-111-77257-6
定价：55.00元

电话服务　　　　　　　　　网络服务
客服电话：010-88361066　　机　工　官　网：www.cmpbook.com
　　　　　010-88379833　　机　工　官　博：weibo.com/cmp1952
　　　　　010-68326294　　金　书　网：www.golden-book.com
封底无防伪标均为盗版　　　机工教育服务网：www.cmpedu.com

前　言

本书根据编者近年来教学实践经验和当前教学改革成果以及我国机电行业发展需要编写而成。主要内容包含 UG NX 软件基本知识、草图绘制、曲线绘制、实体建模、曲面建模、工程图和装配等内容，专科学生建议 72 学时，应用型本科学生建议 48 学时。

本书由教学经验丰富、熟知职业教育规律的一线教师编写，编排符合技术技能型人才培养规律，具有鲜明的职教特色，主要体现在以下几方面：

1）内容全面。项目案例运用到软件中的主要命令和功能，将工作环境与学习环境有机结合在一起。

2）易学易用。本书采用图文并茂的编写样式，简单易懂，重点突出，在案例讲解的过程中，编者根据多年的教学经验给出了全面的总结和相关提示，以帮助学生快捷地掌握所学知识。

3）载体典型。载体来源于企业典型工作任务，具有很强的参考性、可操作性和可迁移性，有利于培养学生的职业能力。

4）过程完整。每个模块都包含项目描述、学习目标、学习任务、知识链接、任务训练、课后习题等环节，项目由简单到复杂、由浅入深，符合职业学生认知规律。

5）资源丰富。本书配套了丰富的数字资源，视频文件以二维码的形式呈现在书中，学生可通过手机扫码的方式观看，同时为方便教学，还提供了 PPT 课件和电子教案。

本书由姜俊侠任主编，刘明俊、肖永山、朱军任副主编。参编人员还有殷慧、孙钦、刘秀娟和胡中雨。易先军主审了本书。

本书在编写过程中参考了一些文献资料，在此向这些文献资料的作者表示最真挚的感谢。

由于编者水平有限，书中难免有疏漏之处，敬请广大读者批评指正。

编　者

二维码索引

页码	名称	图形	页码	名称	图形
3	UG NX 工作界面		39	几何约束	
19	任务训练——图层		41	草图综合训练	
23	草图的工作平面		46	直线	
26	轮廓曲线		56	投影曲线	
33	修剪、延伸、拐角		63	曲线长度	
36	偏置曲线		64	产品线架构绘制——轮廓线绘制	

(续)

页码	名称	图形	页码	名称	图形
66	产品线架构绘制——细节处理		104	智能充电器实体建模——上盖外观制作（二）	
66	产品线架构绘制——刀头部分绘制		107	智能充电器实体建模——上盖外观制作（三）	
70	产品线架构绘制——开关按钮绘制		108	智能充电器实体建模——上盖外观制作（四）	
75	拉伸		110	智能充电器实体建模——上盖外观制作（五）	
87	基准平面		112	智能充电器实体建模——上盖外观制作（六）	
91	布尔运算		115	智能充电器实体建模——下盖外观制作（一）	
95	移除参数		117	智能充电器实体建模——下盖外观制作（二）	
96	智能充电器实体建模——上盖外观制作（一）		123	智能充电器实体建模——下盖外观制作（三）	

（续）

页码	名称	图形	页码	名称	图形
128	智能充电器实体建模——插头与按钮制作（一）		158	紧急智能按钮实体建模——上盖制作（二）	
131	智能充电器实体建模——插头与按钮制作（二）		169	紧急智能按钮实体建模——下盖制作（一）	
138	边倒圆		169	紧急智能按钮实体建模——下盖制作（二）	
144	抽壳		184	通过曲线组	
150	镜像特征		186	修剪片体	
151	修剪体		191	智能剃须刀造型——主体外壳制作	
152	替换面		193	智能剃须刀造型——刀头制作	
158	紧急智能按钮实体建模——上盖制作（一）		198	智能剃须刀造型——手柄制作	

(续)

页码	名称	图形	页码	名称	图形
204	智能剃须刀造型——开关按钮制作		239	吸尘器盖工程图（二）	
213	新建图纸页		242	吸尘器盖工程图（三）	
219	视图设置		248	设置工作部件、显示部件	
221	基本视图		250	编辑爆炸图	
229	视图对齐		252	WAVE 几何链接器	
231	尺寸标注		254	智能玩具飞机装配（一）	
237	吸尘器盖工程图（一）		262	智能玩具飞机装配（二）	

目 录

前　言
二维码索引

项目一　UG NX 软件基本知识 …………………………………………………… 1

【项目描述】………………………………………………………………………………… 1
【学习目标】………………………………………………………………………………… 1
【学习任务】………………………………………………………………………………… 1
【知识链接】………………………………………………………………………………… 1
　　一、UG NX 的产品概述 ………………………………………………………………… 2
　　二、UG NX 的工作界面 ………………………………………………………………… 3
　　三、基础应用模块 ……………………………………………………………………… 5
　　四、基本操作 …………………………………………………………………………… 8
【任务训练】………………………………………………………………………………… 18
【课后习题】………………………………………………………………………………… 20

项目二　草图绘制 …………………………………………………………………… 21

【项目描述】………………………………………………………………………………… 21
【学习目标】………………………………………………………………………………… 21
【学习任务】………………………………………………………………………………… 21
【知识链接】………………………………………………………………………………… 21
　　一、草图基本知识 ……………………………………………………………………… 22
　　二、草图绘图命令 ……………………………………………………………………… 25
　　三、草图编辑命令 ……………………………………………………………………… 32
　　四、来自曲线集的曲线 ………………………………………………………………… 35
　　五、草图约束 …………………………………………………………………………… 39
【任务训练】………………………………………………………………………………… 41

【课后习题】 44

项目三　产品线架构绘制 45

　　【项目描述】 45
　　【学习目标】 45
　　【学习任务】 45
　　【知识链接】 46
　　　　一、曲线 46
　　　　二、派生曲线 53
　　　　三、编辑曲线 61
　　【任务训练】 64
　　【课后习题】 73

项目四　智能充电器实体建模 74

　　【项目描述】 74
　　【学习目标】 74
　　【学习任务】 74
　　【知识链接】 74
　　　　一、设计特征 75
　　　　二、基准特征 87
　　　　三、布尔运算 91
　　　　四、编辑特征 94
　　【任务训练】 95
　　【课后习题】 136

项目五　紧急智能按钮实体建模 137

　　【项目描述】 137
　　【学习目标】 137
　　【学习任务】 137
　　【知识链接】 137
　　　　一、细节特征 138
　　　　二、偏置与缩放 142
　　　　三、关联复制特征 146
　　　　四、修剪特征 151
　　　　五、同步建模 152
　　【任务训练】 157
　　【课后习题】 181

项目六　智能剃须刀造型 … 183

【项目描述】… 183
【学习目标】… 183
【学习任务】… 183
【知识链接】… 183
　　一、网格曲面 … 183
　　二、编辑曲面 … 185
【任务训练】… 190
【课后习题】… 210

项目七　吸尘器盖工程图 … 212

【项目描述】… 212
【学习目标】… 212
【学习任务】… 212
【知识链接】… 212
　　一、工程图的管理 … 212
　　二、工程图首选项设置 … 215
　　三、视图 … 220
　　四、编辑视图 … 229
　　五、工程图标注 … 231
【任务训练】… 237
【课后习题】… 246

项目八　智能玩具飞机装配 … 247

【项目描述】… 247
【学习目标】… 247
【学习任务】… 247
【知识链接】… 247
　　一、关联控制 … 247
　　二、爆炸图 … 249
　　三、WAVE 几何链接器 … 252
【任务训练】… 253
【课后习题】… 268

参考文献 … 270

项目一
UG NX 软件基本知识

【项目描述】

UG NX 是一款集成的 CAD/CAM/CAE 系统软件,也是当前世界上流行的计算机辅助设计、制造和分析软件之一。本项目主要学习内容包括 UG NX 的产品概述、UG NX 的工作界面、基础应用模块及基本操作。

【学习目标】

● 知识目标
◎ 熟悉 UG NX 软件基本知识。
◎ 掌握软件基本操作。

● 情感目标
◎ 提高对软件的认知能力。
◎ 激发好奇心与求知欲,提高动手操作能力。

【学习任务】

UG NX 软件基本知识。

【知识链接】

自改革开放以来,我国工业生产力大大提高,并且引入了工业设计的概念。随着市场竞争日趋激烈,工业设计逐渐在我国各类企业中受到重视。

20 世纪 90 年代,海尔和美的先后成立了自己的工业设计公司,从而掀起了中国工业设计的第一个浪潮,工业设计作为新兴的服务行业,其与制造业的发展是紧密相连的。

工业设计涉及生活、经济和文化的方方面面，是经济发展中不可小觑的力量，也是实现制造业产业升级的必经之路。

随着国家经济的高速增长，越来越多的企业开始树立自己的品牌，这就对工业设计人才提出了更高的要求，想要从"中国制造"走向"中国设计"，让中国设计走向世界，还需要相关从业者的共同努力。

一、UG NX 的产品概述

UG（Unigraphics）软件由美国麦克唐纳 - 道格拉斯公司开发，后被 EDS 公司收购，2006 年又被西门子公司收购并更名为 NX[①]。

UG NX 涵盖了产品设计、工程制图、结构分析和运动仿真等模块，为产品从研发到生产的整个过程提供了一个数字化设计平台。

1. UG NX 软件的特点

UG NX 融合了线框模型、曲面造型和实体造型技术，建立在统一的、关联的数据库基础上，提供工程意义上的完全结合，从而使软件内部各个模块的数据都能够实现自由切换，特别是 UG NX2212 以基本特征操作作为交互操作的基础单位，能够使用户在更高层次上进行更为专业的设计和分析，实现了并行工程的集成联动。

1）智能化的操作环境：伴随 UG NX 版本的不断更新，其操作界面更加人性化，大多数功能都可以通过简单的按钮操作来实现，并且进行对象操作时具有自动推理功能。在每个操作步骤中，绘图区上方的信息栏和提示栏中会显示操作提示信息，便于用户做出正确选择。

2）建模的灵活性：UG NX 可以进行复合建模，需要时可以进行全参数化设计，而且在设计过程中不需要定义和参数化曲线，可以直接利用实体边缘，此外，在设计时也可以方便地在模型上添加孔、圆柱、键槽和抽壳等，这些特征直接引用固有模式，只需要进行少量的参数设置即可，使用灵活、方便。

3）系统化的装配设计：UG NX 可提供自上而下和自底向上两种产品结构定义方式，并可在上下文中设计与编辑。它还具有高级的装配导航工具，既可图示装配树结构，又可方便、快速地确定部件位置。通过装配导航工具可隐藏或关闭特征组件，此外，装配零部件之间具有强相关性，通过更改关联性，可改变零部件的装配关系。

4）集成化工程图设计：UG NX 在创建三维模型后，可以将模型直接投射成二维图，并且按 ISO 标准和国家标准自动标示尺寸、几何公差和中文说明等，还可以对生成的二维图形进行剖视。另外，UG NX 还可以进行工程图模块的设置，在绘制工程图的过程中，可以方便地调用这些模块，省去了烦琐的模板设计过程，提高了绘制工程图的效率。

2. UG NX 软件的工作流程

UG NX 软件的工作流程如下。

1）启动软件。选择桌面上的【开始】→【程序】→【Siemens NX】→【NX】或双击桌面上的软件图标即可启动软件。

2）新建或打开 UG NX 文件。

3）选择应用模块。UG NX 系统是由十几个模块所构成的，要调用具体的模块，只需在工具栏的【开始】→【所有应用模块】中选择相应的模块名称即可。

---

① 为强调连续性，常被称作 UG NX，本书也用此名称。

项目一　UG NX软件基本知识

4）选择具体的应用工具并进行相关设计。不同的模块具有不同的应用工具，其中，"建模"模块的应用工具通常在【插入】和【编辑】菜单中。

5）保存文件。

6）退出 UG NX 系统。

3. UG NX 软件的应用领域

UG NX 在航空航天、汽车、通用机械、工业设备和医疗器械等设计领域和模具加工自动化领域已经得到了广泛的应用，现已成为我国工业界主要使用的大型 CAD/CAE/CAM 软件。

二、UG NX 的工作界面

UG NX 的工作界面主要由快速访问工具栏、标题栏、菜单栏、工具栏、提示栏、状态栏、导航条和绘图区组成，如图 1.1 所示。

UG NX 工作界面

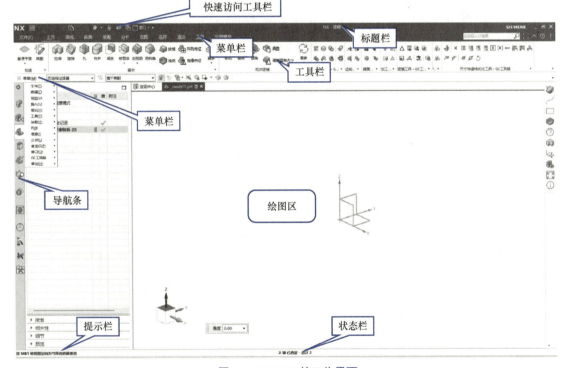

图 1.1　UG NX 的工作界面

1. 标题栏

标题栏用于显示当前部件文件的信息，如图 1.2 所示。

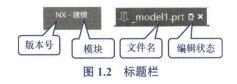

图 1.2　标题栏

3

2. 绘图区

绘图区即工作区，是创建、显示和编辑图形的区域，也是进行结果分析和模拟仿真的窗口。

3. 菜单栏

菜单栏几乎包含了整个软件所需要的各种命令，在不同的应用模块下，菜单栏中的部分命令将发生相应的变化，此外根据实际工作需要还会显示系统安装的一些外挂软件，提供各行业的标准件及常用件，如图1.3所示。

1）文件：主要用于创建文件、保存文件、导出模型、导入模型、打印和退出软件等。

2）编辑：主要用于对现有特征进行编辑，如对象显示、复制、删除和隐藏等操作。

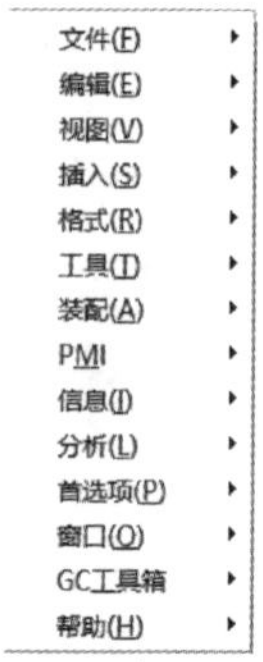

3）视图：主要用于对当前视图和布局等进行操作。

4）插入：主要用于插入各种特征。

5）格式：主要用于现有格式的编辑管理，如图层设置等。

6）工具：主要提供一些建模过程中比较常用的工具。

7）装配：主要提供各种装配所需的操作。

图1.3 菜单栏

8）信息：主要提供当前模型的各种信息。

9）分析：主要提供长度、角度和质量测量等使用的信息。

10）首选项：主要用于对软件的预设值（如对象、用户界面、背景和草图等）进行设置。

11）窗口：主要用来切换被激活的窗口和其他窗口。

12）GC工具箱：主要提供各种检验和标准件工具，如属性工具、标准化工具、齿轮建模和弹簧设计等。

13）帮助：主要提供用户在使用软件过程中所遇到的各种问题的解决办法。

4. 工具栏

工具栏汇集了建模时比较常用的工具，可以不必通过菜单层层选择，只需要通过单击各种工具按钮，即可很方便地引用各种特征。考虑到各行业用户的不同需要，UG NX提供了定制功能，可以根据实际使用情况定制工具栏，如图1.4所示。

图1.4 定制工具栏

5. 提示栏和状态栏

提示栏和状态栏主要起引导作用，通过信息提示区提供当前操作中所需的信息，如提示选择基准平面、选择放置面和选择水平参考等，即使用户对某些命令不太熟悉，按照系统提示也能顺利完成相关的操作，如图 1.5 所示。

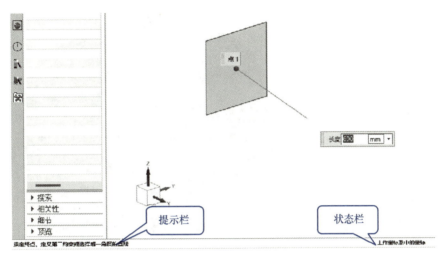

图 1.5　提示栏和状态栏

6. 导航条

导航条为用户提供了一系列快捷操作导航工具，主要包含装配导航器、部件导航器、历史记录、系统材料、加工向导、角色和系统可视化场景等，其中的部件导航器是最常用的导航工具之一。

单击导航条中的部件导航器按钮 ，此时系统弹出【部件导航器】对话框，如图 1.6 所示，对话框中列出已经建立的特征，可以在每个特征的前面勾选或取消勾选来显示或隐藏某个特征。选择需要编辑的特征后，可以通过右击来对特征参数进行编辑。单击装配导航器按钮 ，系统弹出【装配导航器】对话框，如图 1.7 所示，同时可以选取各个组件设置相关参数及操作。

三、基础应用模块

UG NX 软件将 CAD、CAM 和 CAE 系统紧密集成，在用户使用 UG NX 创建实体造型、曲面造型、虚拟装配及绘制工程图时，可以用 CAE 系统进行有限元分析和运动仿真。UG NX 整个系统由以下 4 个模块构成。

1. 基本环境模块

基本环境模块仅提供一些最基本的操作，如新建文件、打开文件、输入文件、图层控制、视图定义和对象等，基本环境模块是其他模块的基础。

2. CAD 模块

CAD 模块拥有很强的三维建模能力，该模块又由许多功能独立的子模块构成。

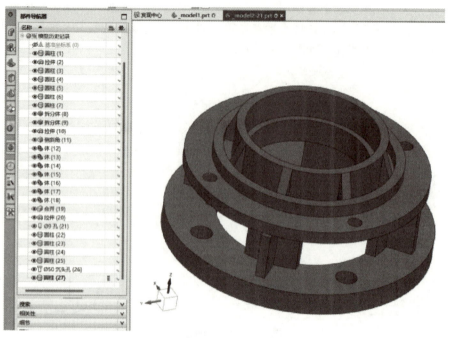

图 1.6 【部件导航器】对话框

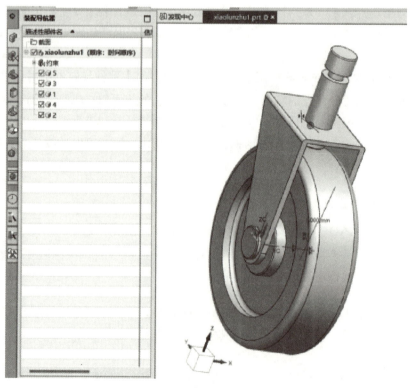

图 1.7 【装配导航器】对话框

（1）建模模块　建模模块提供实体建模、特征建模和自由曲面建模等造型和辅助功能。其草图工具适合全参数化设计，曲线工具适合构建线架图，实体工具具有精确创建和编辑三维几何模型的一系列功能，能够根据零件设计者意图快速而准确地构建复杂的零件和装配体，自由曲面工具是架构在实体建模及曲面建模技术基础之上的设计工具，能用于设计复杂曲面外形，如图1.8所示。

（2）工程制图模块　工程制图模块由实体模块自动生成平面工程图，也可以利用曲线功能绘制平面工程图。该模块提供自动视图布局，并且可以自动、手动标注尺寸，自动绘制剖面线，自动标注几何公差和表面粗糙度等。三维模型的改变会同步更新平面工程图，从而使平面工程图与三维模型完全一致，同时也减少了因三维模型改变而更新平面工程图的时间消耗。图1.9所示为使用工程制图模块创建的机用虎钳工程图。

图1.8　复杂曲面外形

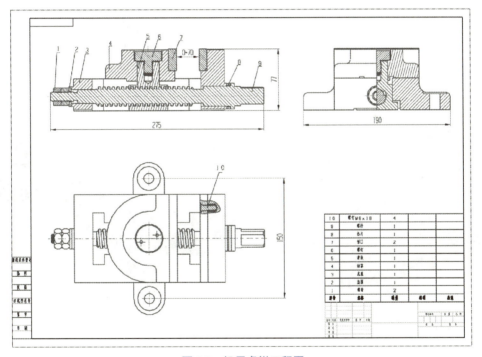

图1.9　机用虎钳工程图

（3）装配建模模块　装配建模模块适用于产品的模拟装配，其支持自底向上和自顶向下的装配方法，可利用约束将各个零件图装配成一个完整的机械结构，如图1.10所示。

（4）注射模向导模块　注射模向导模块是一个智能化、参数化的注射模具设计模块。该模块为产品的分型、型腔、型芯、滑块、推杆、复杂型芯或型腔轮廓，以及创建模架及各种标准件等提供了方便的设计途径，其最终目的是构造与产品参数相关、可数控加工的三维模具模型，如图1.11所示。

图 1.10 装配

图 1.11 三维模具模型

3. CAM 模块

CAM 模块主要包括加工基础、后处理、二维和三维加工、铣削、车削及线切割等功能。其主要应用于产品加工及模具加工编程等，如图 1.12 所示。

4. CAE 模块

CAE 模块主要包括有限元分析和运动仿真等功能。该模块提供了简便易学的仿真工具，任何设计人员都可以利用这些工具进行高级性能分析，从而获得质量更好的模型，如图 1.13 所示。

图 1.12 模具加工编程

图 1.13 连杆零件有限元分析

四、基本操作

1. 文件的基本操作

文件的基本操作是 UG NX 软件中最基本和常用的操作，在使用 UG NX 软件进行建模前，必须有文件的存在。

（1）新建文件　在设计创建模型之前，需要创建一个相应模型的文件。在【新建】对话框中，系统提供了多种类型的选项卡，分别用于创建相应的文件，如图 1.14 所示。

项目一　UG NX软件基本知识

图 1.14　【新建】对话框

1）调用命令的方式：

调用命令 $\begin{cases} \text{单击菜单栏中的【文件】→【新建】} \\ \text{使用快捷键 <Ctrl+N>} \\ \text{单击工具栏新建按钮} \end{cases}$

2）模板的选择：在【新建】对话框中单击所需模板的类型选项卡（如模型或图纸），此时对话框即会显示所选模板的默认信息，可在预览和属性中查看，以确定是否选择了正确的模板。

3）单位：该下拉列表框可用于针对某一给定单位类型显示可用的模板，默认为毫米。

4）新文件名：新建文件的名称是在用户默认设置中定义的，用户也可以输入新名称，文件名可以由除表格所列字符之外的任何 ASCII 字符组成，但注意不能使用中文字符。

（2）打开文件　在使用 UG NX 进行工程设计时，可通过新建文件或打开已创建的文件进入操作环境，如图 1.15 所示。

调用命令的方式如下：

调用命令 $\begin{cases} \text{单击下拉菜单栏中的【文件】→【打开】} \\ \text{使用快捷键 <Ctrl+O>} \\ \text{单击工具栏打开按钮} \end{cases}$

也可以单击导航条的历史记录按钮，选择一个部件文件并单击打开，还可以从【文件】→【最近打开的部件】列表中选择一个部件文件打开。

（3）保存文件　用户在建模的过程中，为了防止因意外造成的数据丢失，通常须及时保存文件。

9

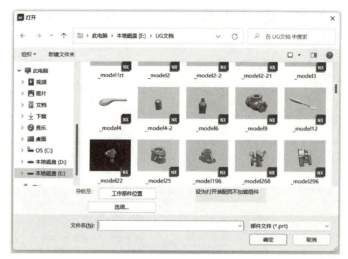

图 1.15　打开文件

1）直接保存：直接将工作部件和任何已修改的组件保存在原来的文件中，执行【文件】→【保存】命令，或者单击保存按钮，即可保存已打开的文件。

2）仅保存工作部件：执行【文件】→【仅保存工作部件】命令，使用该命令只能以当前名称和当前位置保存工作部件。

3）另存为：执行【文件】→【另存为】命令，可以复制工作部件，也可以将副本保存到其他目录中或更改其名称，仅当在更改名称后才能将副本保存到当前目录中。

4）全部保存：执行【文件】→【全部保存】命令，可以保存已修改的部件和顶层装配部件，同时也可以保存打开但未显示的部件，不过不包括部分打开的部件。

（4）文件导入与导出

1）文件导入：文件导入功能用于与非 UG NX 用户进行数据交换，当数据文件由其他工业设计软件建立时，它与 UG NX 系统的数据格式往往不一致，直接利用 UG NX 系统无法打开此类数据文件，文件导入功能使 UG NX 具备了与其他工业设计软件进行数据交换的途径，如图 1.16 所示。

2）文件导出：文件导出功能与文件导入功能相似，可将现有模型导出为 UG NX 支持的其他类型的文件，如 STL、IGES 和 DXF/DWG 等，也可以直接导出为图片格式，如图 1.17 所示。

2. 用户环境定制

第一次使用 UG NX 建模时，可能会发现界面中有许多功能并不需要，而需要的功能在菜单栏或工具栏里却找不到。因此，用户在使用 UG NX 之前，应根据自己的需要对用户环境进行定制，以方便日后使用。

（1）工作界面定制

1）定制角色：

① 启动 UG NX，在建模环境下的角色导航器中选择"高级角色"，如图 1.18 所示。

② 在工具栏附近右击，选择快捷菜单中最下面的【定制】命令，或使用快捷键 <Ctrl+L>。

图 1.16　文件导入

图 1.17　文件导出

③ 选中所需的工具，如图 1.19 所示。

图 1.18　角色导航器

图 1.19　选中所需的工具

④ 创建角色。单击【文件】→【首选项】→【用户界面】命令，弹出【用户界面首选项】对话框。选择【角色】选项卡，再单击【新建角色】，选择保存位置，自定义文件名，最后单击【确定】按钮，如图1.20所示。随后会弹出【角色属性】对话框，可在此处自定义名称（可以是中文），单击【确定】按钮，如图1.21所示。

图1.20 创建角色

2）加载角色：单击【文件】→【首选项】→【用户界面】命令，弹出【用户界面首选项】对话框。选择【角色】选项卡，再单击【加载角色】，如图1.22所示。

3）定制快捷键：

① 在【定制】对话框单击【键盘...】按钮，如图1.23所示。

② 弹出【定制键盘】对话框，滚动鼠标滚轮或向下拖动【类别】列表框右侧的滚动条，在【命令】列表框里找到需要定制的命令，在【按新的快捷键】文本框里输入快捷键，选择快捷键的使用位置，单击【指派】按钮，如图1.24所示。

（2）首选项设置

1）选择首选项设置。在菜单栏中单击【文件】→【首选项】→【选择】命令，弹出【选择首选项】对话框，如图1.25所示，在该对话框中可以设置【鼠标手势】【选择规则】【高亮显示】【快速选取】【光标】和【成链】等多种参数。

2）场景首选项设置。场景首选项用以设置图形窗口的背景特效，如颜色渐变效果。其方法是在菜单栏中单击【文件】→【首选项】→【场景】命令，弹出【场景首选项】对话框，如图1.26所示，在该对话框中可进行相应的设置。

图1.21 【角色属性】对话框

项目一　UG NX软件基本知识

图 1.22　加载角色

图 1.23　【定制】对话框

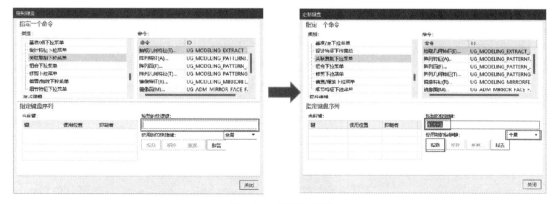

图 1.24　定制快捷键

图 1.25 【选择首选项】对话框

图 1.26 【场景首选项】对话框

3. 零件显示操作

（1）使用鼠标和键盘　在 UG NX 中，鼠标滚轮（同时又是鼠标中键）非常重要，使用它能快速缩放、平移和旋转视图。此外，鼠标的三个键与键盘的一些按键组合使用可以实现不同的功能，具体见表 1-1。

表 1-1　鼠标和键盘的操作

鼠标和键盘	位置	执行操作
鼠标滚轮	绘图区	按住滚动鼠标滚轮可以实现视图的缩放
		按住鼠标滚轮并移动鼠标可以实现视图的旋转，从而方便从不同的方向去观察模型
<Shift>+ 鼠标滚轮		按下 <Shift> 键并按住鼠标滚轮，然后移动鼠标，可实现视图的平移
<Ctrl>+ 鼠标滚轮		按下 <Ctrl> 键并按住鼠标滚轮，然后上下移动鼠标，可实现以鼠标在工作界面中的位置为基准的视图缩放
鼠标滚轮 + 鼠标右键		按住鼠标滚轮和鼠标右键，然后移动鼠标，可实现视图的平移

（2）视图显示方式 为了更全面地了解模型结构，在观察视图时，往往需要改变视图显示方式，如图 1.27 所示。

1）带边着色：渲染工作中的实体和实体的面，并显示面的边，如图 1.28a 所示。

2）着色：用光顺着色和打光渲染实体或实体的面，不显示面的边，如图 1.28b 所示。

3）艺术外观：根据指定的基本材料、纹理和光源实际渲染工作视图中的画面，如图 1.28c 所示。

4）带有淡化边的线框：将图形中隐藏的线显示为灰色，如图 1.28d 所示。

5）带有隐藏边的线框：不显示图形中隐藏的线，如图 1.28e 所示。

6）静态线框：将图形中隐藏的线显示为虚线，如图 1.28f 所示。

图 1.27 视图显示方式

7）局部着色：根据需要选择局部着色部件，以突出显示部件特征。

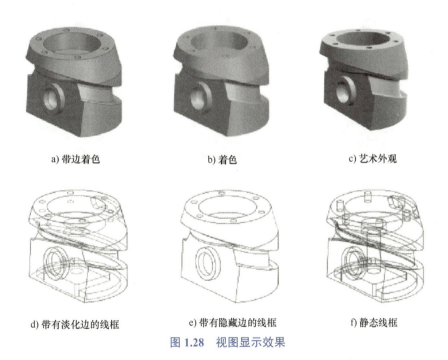

a) 带边着色   b) 着色   c) 艺术外观

d) 带有淡化边的线框   e) 带有隐藏边的线框   f) 静态线框

图 1.28 视图显示效果

（3）视图布局 通过视图布局，可以方便地观察模型对象各个方向的视图，如图 1.29 所示。各个视图的放置位置如图 1.30 所示。

（4）显示和隐藏 在建模过程中，当所建模型的一部分阻碍了其他对象的绘制时，为便于操作，可以将某些对象暂时隐藏。下面介绍显示和隐藏对象的几种方法。

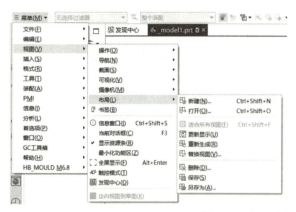
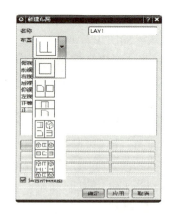

图 1.29 视图布局

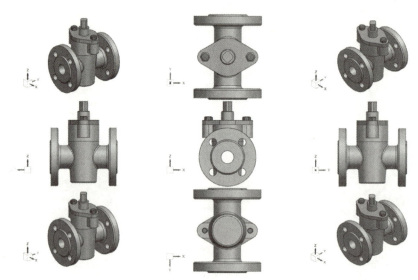

图 1.30 各个视图的放置位置

1）选中要隐藏的对象，单击【菜单】→【编辑】→【显示和隐藏】→【隐藏】按钮 ⌀，即可隐藏对象，如图 1.31 所示。若要恢复显示对象，只需单击【菜单】→【编辑】→【显示和隐藏】→【显示】按钮 ⊙，然后选择要显示的对象，并在打开的【类选择】对话框中单击【确定】按钮即可。

图 1.31 隐藏对象

2）在装配导航器中右击要显示（或隐藏）的对象，选择【隐藏】（或【显示】）命令，即可在绘图区隐藏（或显示）该对象，如图 1.32 所示。

3）单击【菜单】→【编辑】→【显示和隐藏】，打开【显示和隐藏】对话框，如图 1.33 所示，单击【隐藏】按钮，即可将相应类型的对象隐藏。

图 1.32　装配导航器

图 1.33　【显示和隐藏】对话框

4. 图层设置操作

图层相当于传统设计者使用的透明图纸，在每个图层中设计一部分内容，然后将所有图层叠加起来，就构成了模型的整体，从而方便绘制和关联对象。在 UG NX 中，图层是三维的。

UG NX 默认为设计者提供了 256 个可操作图层（1~256 层）。在每个图层中，可以创建任意数量的对象，但是当前的工作图层只能有一个，其他图层可以设置为可见或不可见，如图 1.34 所示。

1）调用命令的方式：

① 单击下拉菜单栏中的【菜单】→【格式】→【图层设置】。

② 使用快捷键 <Ctrl+L>。

③ 单击工具栏的按钮 。

2）在【图层设置】对话框中可以将某个图层设置为当前工作图层，或设置为"不可见""可选"状态等。

3）在【菜单】→【格式】下的图层操作主要还有【视图中的可见层】，用于设置可见的图层，【图层类别】菜单

图 1.34　图层设置

用于给图层归类,【移动至图层】和【复制至图层】菜单用于将当前对象"移动"或"复制"到某个图层。

5. 坐标系操作

坐标系用于确定特征和对象的方位,UG NX 共有三种坐标系:绝对坐标系、工作坐标系和基准坐标系,如图 1.35 所示,下面主要讲述工作坐标系。

1)工作坐标系就是当前绘图过程中使用的决定绘图相对位置的坐标系,工作坐标系的 X、Y、Z 轴分别使用 XC、YC 和 ZC 表示,绝对坐标系的坐标轴用 X、Y 和 Z 表示。

2)工作坐标系主要使用笛卡儿坐标系,如图 1.36 所示,笛卡儿坐标系可以使用右手定则来判断 X、Y、Z 轴的方向,右手定则是指右手拇指、食指和中指成 90° 张开,若拇指代表 X 轴方向,食指代表 Y 轴方向,那么,中指方向即为 Z 轴方向。

图 1.35　UG NX 的三种坐标系

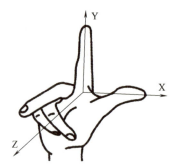

图 1.36　笛卡儿坐标系和右手定则

3)在一个操作界面中只能有一个工作坐标系,且不可删除(工作坐标系在新创建模型文件时,默认处于隐藏状态,可以单击工具栏中的【显示 WCS】按钮 将其显示出来),可通过相应的命令调整工作坐标系的位置,例如,选择【菜单】→【格式】→【WCS】→【动态】或双击坐标可以启动动态操作,然后便可拖动工作坐标系的坐标轴来移动坐标系,如图 1.37 所示。

4)【WCS】菜单中的其他关键选项功能如下:【原点】用来调整坐标系的原点,【旋转】用来旋转坐标系,【定向】用来重新定向当前坐标系。

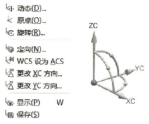

图 1.37　动态操作

【任务训练】

图层设置操作:主要有设置工作图层、图层可见性、移动至图层和复制至图层。

1. 设置工作图层

单击【视图】→【图层设置】按钮 或使用快捷键 <Ctrl+L>,弹出【图层设置】对话框,在【工作层】文本框输入具体的图层名称(在1~256层范围内),或者在已有的图层名称里面直接双击某个图层,此时工作图层即设置完毕,如图1.38所示。

2. 图层可见性

1)单击【视图】→【图层设置】按钮 或使用快捷键<Ctrl+L>,弹出【图层设置】对话框,在已有的图层名称里面单击某个图层,则该图层里面的对象即可显示,反之,则隐藏该图层里面的对象,如图1.39所示。

任务训练——图层

图1.38 设置工作图层

图1.39 图层可见性

2)单击【视图】→【图层设置】按钮 或使用快捷键<Ctrl+L>,弹出【图层设置】对话框,在显示的图层旁边选中【仅可见】复选按钮,则该图层里面的对象可显示但不能编辑,该图层呈现灰色状态,如图1.40所示。

3. 移动至图层

如图1.41所示,设当前圆柱和长方体都处在图层1中,若想把圆柱移动到图层2中,可以单击【菜单】→【格式】中的【移动至图层】命令,选中圆柱,然后在【图层移动】对话框中的【目标图层或类别】文本框中输入"2",单击【确定】按钮即可。

4. 复制至图层

如图1.42所示,设当前圆柱和长方体都是一个对象,若想把长方体复制到图层3中,可以单击【菜单】→【格式】中的【复制至图层】命令,选中长方体,然后在【图层复制】对话框中的【目标图层或类别】文本框中输入"3",单击【确定】按钮即可。

图 1.40 设置仅可见

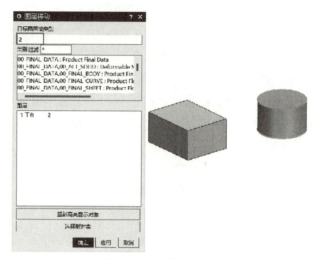

图 1.41 移动至图层

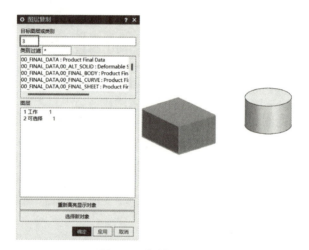

图 1.42 复制至图层

【课后习题】

1. 思考题

（1）UG NX 有哪些功能模块？如何进入功能模块？

（2）UG NX 的文件命名有什么规则？

（3）UG NX 的工作界面主要包含哪几部分？

2. 练习题

（1）设置角色及快捷键。

（2）坐标系的基本操作。

项目二
草图绘制

【项目描述】

本项目主要学习草图绘图命令与编辑及约束的方法，包括直线、圆、圆角、矩形、偏置曲线、镜像曲线、修剪、尺寸约束、几何约束、转换至/自参考对象等命令（有些命令默认不显示，可从【定制】或【命令查找器】里调出）的应用。

【学习目标】

- 知识目标
◎ 熟悉常见图形的绘制操作。
◎ 掌握草图约束及编辑操作。

- 情感目标
◎ 培养草图分析能力。
◎ 激发学习的积极性和主动性。
◎ 树立自信心，培养合作学习精神。

【学习任务】

UG NX 草图基本绘图命令

【知识链接】

工匠精神可以理解为手艺工人的意识、思维活动和心理状态。工匠所掌握的技艺是经由时间的积累，通过坚持不懈的努力和敢于探索的精神，以技术为基础，用艺术化的成品呈现出来的。

中国近年来大力发展新型工业，以"工业4.0"为目标积极努力，许多传统制造业以新的姿态再次走入大众视野，许多企业以工匠精神为指导，积极地面对市场竞争。传统工匠凭借精湛的技艺雕琢产品，设计师则用现代的专业科学知识创造产品。两者虽然出发点不同，但面对产品时都必须怀着崇敬之心去对待整个过程。

工匠精神的核心是对秩序的崇敬，其中包括自然秩序、行为秩序和市场秩序。作为产品设计师，也应在工作的方方面面怀有同样的崇敬之心，这样才能创造出完美的产品。秩序是指在自然进程和社会进程中都存在的某种一致性、连续性和确定性。工匠遵从秩序，掌握熟悉的操作，积累成熟的经验，选择最合适的材料，是造就好产品的前提；以极致为目标，精心雕琢，将品质视为产品的价值所在，是造就好产品的必要条件。经过完整的工序并把每一道工序都做到位，才能创造出好的产品。

在设计中，设计师也需要如工匠一般遵循秩序，面对材料、工艺、用户和产品本身。对材料进行深入研究，从价格、物理性质、化学性质和美观等角度，选择最符合产品定位的材料，同时对工艺进行深入的了解，客观分析适用性和成本，提升产品的接受性。从用户的角度去思考，尽最大努力完善基本的使用要求和审美要求，并依照严谨规范的要求对每一个环节进行反复推敲，用足够的时间进行思考检验，使产品具有美观的形态、精致的细节和完善的服务能力。优秀的产品应能以最适中的能源与材料消耗和工艺成本，提供最大限度的使用服务。通过工匠精神引导产品设计，在主观上可以增强产品的使用性并提供良好的使用体验；在客观上可以使一件优良的产品物尽其用，这对环境资源也是一种有效的保护。

通过草图可以先快速绘制出产品大概的形状，然后添加尺寸和约束，之后完成轮廓的设计，再将草图进行拉伸、旋转来生成实体模型，这样就能够完整地表达出设计意图。本项目主要学习草图的绘制、编辑和约束等内容。

一、草图基本知识

1. 草图环境

草图环境是绘制草图的基础，该环境提供了在 UG NX 中实现草图绘制、编辑及约束等操作的相关工具，如图 2.1 所示。

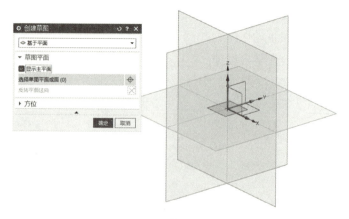

图 2.1　草图环境

项目二 草 图 绘 制

调用命令的方式如下:

1)单击下拉菜单栏中的【插入】→【草图】。

2)单击工具栏的按钮 。

2. 草图工作平面

草图工作平面的选择是草图绘制的第一步,要创建的所有草图元素都必须在指定的工作平面内完成。在 UG NX 中,打开【创建草图】对话框,系统会提供两种平面类型:【基于平面】和【基于路径】,如图2.2所示。

(1)基于平面 是以平面为基准来创建草图工作平面的,如图2.3所示。

草图的工作平面

图 2.2 【创建草图】对话框

图 2.3 基于平面

制定坐标系中的基准平面或选择三维实体模型中的任意平面作为草图工作平面,选中【选择草图平面或面】选项,在绘图区选择一个基准平面或已有平面,以此作为草图工作平面,如图2.4所示。

(2)基于路径 这种类型以已有直线、圆、实体边缘与圆弧等曲线为基础,通过其路径来确定一个平面作为草图工作平面,如图2.5所示。

选择【基于路径】选项来确定草图工作平面时,绘图区中必须存在被选取的曲线作为草图工作平面的创建路径。创建草图工作平面后,还可以对草图的方向进行调整,在【草图方向】中根据需要设置参数,即可得到需要的效果。

3. 草图首选项

在草图环境中,为了更准确、更有效地绘制草图,需要进行草图样式、小数位数和默认前缀名称等基本参数的设置,单击菜单栏中的【首选项】→【草图】命令,会弹出【草图首选项】对话框,如图2.6所示,该对话框的各选项卡主要功能如下:

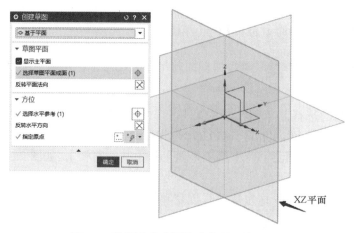

图 2.4 选取实体表面作为草图工作平面

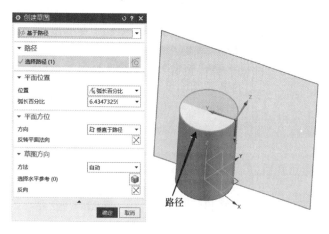

图 2.5 基于路径确定草图工作平面

图 2.6 【草图首选项】对话框

（1）草图设置 该选项卡主要用于设置草图的尺寸标签和文本高度。

1）尺寸标签：用于对草图的尺寸标注形式进行设置，如图 2.7 所示。

2）屏幕上固定文本高度：勾选后可在【文本高度】文本框中输入文本高度值。

3）显示对象颜色：勾选后再绘制草图时，系统会显示对象的颜色。

（2）会话设置 该选项卡主要用于控制视图方位和捕捉误差范围等，如图 2.8 所示。

1）对齐角：用来控制捕捉误差允许的角度范围。在该选项组中，可以通过是否勾选其他的复选按钮来调整相应的设置。

2）更改视图方向：用来控制在完成草图并切换到建模界面时，视图方位是否更改。

3）维持隐藏状态、保持图层状态及显示截面映射警告：分别用来控制相应的设置在切换到草图环境中时是否改变。

（3）部件设置 该选项卡用于设置草图中各元素的颜色，单击各元素名称右侧的颜色块，弹出【颜色】对话框，可以对各元素的颜色进行设置，如图 2.9 所示。

项目二　草　图　绘　制

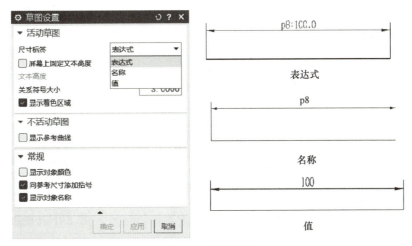

图 2.7　尺寸标签

图 2.8　会话设置

图 2.9　部件设置

设置好草图绘制的各个选项后，便可以进入草图环境中绘制草图。绘制完成后，在草图环境界面内右击，选择【完成草图】命令，或者单击【完成草图】按钮，便可退出草图环境。

4. 重新附着草图

重新附着草图指改变草图的附着平面，也就是将草图附着到另一平面或更改草图的方位，如图 2.10 所示。

二、草图绘图命令

1. 轮廓

轮廓命令综合了直线命令和圆弧命令，但与它们的不同之处在于，使用轮廓命令绘制草图时，结束点将作为下一个操作的起点，系统在【轮廓】对话框中选择的对象可以是直线，也可以是圆弧；输入模式可以是坐标模式，也可以是参数模式。如图 2.11 所示。

25

图 2.10　重新附着草图　　　　　　　图 2.11　【轮廓】对话框

1）调用命令的方式。

轮廓曲线

① 单击下拉菜单栏中的【菜单】→【插入】→【曲线】→【轮廓】。

② 使用快捷键 <Z>。

③ 单击工具栏的按钮。

轮廓

2）在执行轮廓命令绘制草图时，对象的各线段是首尾相接的，不需要再次给定首尾相接的约束，这样有利于提高绘图的效率及质量。

2. 直线

草图中的直线命令可以根据两个点来创建一条直线，也可以根据角度和长度来创建直线，用户可以用坐标来绘制直线，也可以用定义的参数绘制直线，【直线】对话框如图 2.12 所示。

图 2.12　【直线】对话框

1）调用命令的方式。

① 单击下拉菜单栏中的【菜单】→【插入】→【曲线】→【直线】。

② 使用快捷键 <L>。

③ 单击工具栏的按钮。

直线

2）绘制直线操作：单击工具栏的按钮，捕捉直线的端点，然后沿参考线的平行方向移动鼠标，在出现平行约束符号时单击鼠标左键，完成直线的绘制，如图 2.13 所示。

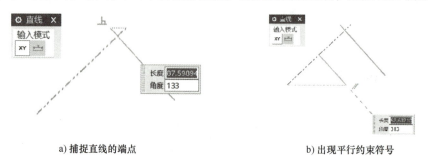

a) 捕捉直线的端点　　　　　　　　b) 出现平行约束符号

图 2.13　绘制直线操作

3. 圆弧

用户可以通过三点定圆弧的方式来创建圆弧，也可以通过中心和端点定圆弧的方式来创建圆弧，【圆弧】对话框如图 2.14 所示。

1）调用命令的方式。

① 单击下拉菜单栏中的【菜单】→【插入】→【曲线】→【圆弧】。

② 使用快捷键 <A>。

③ 单击工具栏的按钮 。

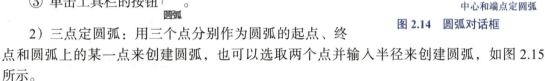

图 2.14　圆弧对话框

2）三点定圆弧：用三个点分别作为圆弧的起点、终点和圆弧上的某一点来创建圆弧，也可以选取两个点并输入半径来创建圆弧，如图 2.15 所示。

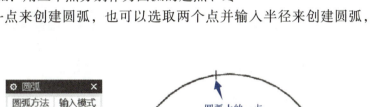

图 2.15　三点定圆弧

3）中心和端点定圆弧：即以圆心和端点创建圆弧，需要在文本框中输入半径和扫掠角度的数值，如图 2.16 所示。

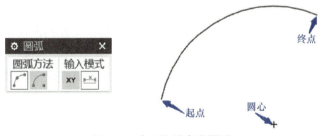

图 2.16　中心和端点定圆弧

4. 圆

用户可以通过圆心和直径定圆的方式来创建圆，也可以通过三点定圆的方式来创建圆，【圆】对话框如图 2.17 所示。

1）调用命令的方式。

① 单击下拉菜单栏中的【菜单】→【插入】→【曲线】→【圆】。

② 单击工具栏的按钮 。

图 2.17　【圆】对话框

2)圆心和直径定圆:在绘图区指定圆心,然后输入直径数值即可完成绘制,如图2.18所示。

3)三点定圆:该方式通过依次选取对象的三个点作为圆上的三个点来创建圆;或者通过选取圆上的两个点并输入直径数值创建圆,此方法与三点定圆弧相似。

5. 矩形

用户可以通过按两点、按三点或从中心的方式来创建矩形,【矩形】对话框如图2.19所示。

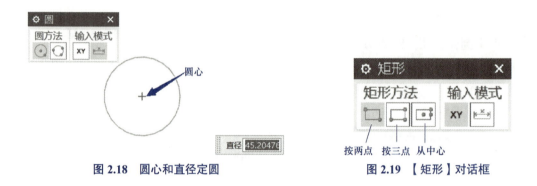

图2.18 圆心和直径定圆　　　图2.19 【矩形】对话框

1)调用命令的方式。

① 单击下拉菜单栏中的【菜单】→【插入】→【曲线】→【矩形】。

② 使用快捷键 <R>。

③ 单击工具栏的按钮 ▭。

2)按两点:单击矩形按钮,选择按两点方式绘制矩形,在绘图区依次指定对角点A和B,完成绘制,如图2.20a所示。

3)按三点:单击矩形按钮,选择按三点方式绘制矩形,在绘图区依次指定A点、B点和C点,完成绘制,如图2.20b所示。

4)从中心:单击矩形按钮,选择从中心方式绘制矩形,在绘图区依次指定A点、B点和C点,完成绘制,如图2.20c所示。

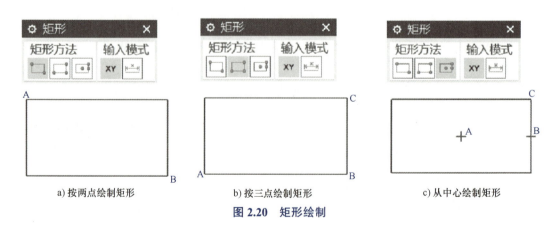

a)按两点绘制矩形　　　b)按三点绘制矩形　　　c)从中心绘制矩形

图2.20 矩形绘制

6. 多边形

用户可以通过内切圆半径、外接圆半径和边长的方式来创建多边形，【多边形】对话框如图 2.21 所示。

1）调用命令的方式。

① 单击下拉菜单栏中的【菜单】→【插入】→【曲线】→【多边形】。

② 单击工具栏的按钮 ⬡。

2）内切圆半径：单击多边形按钮，选择内切圆半径方式绘制多边形，在对话框中设置相关参数，在绘图区选择中心点，完成绘制，如图 2.22 所示。

3）外接圆半径：单击多边形按钮，选择外接圆半径方式绘制多边形，在对话框中设置相关参数，在绘图区选择中心点，完成绘制，如图 2.23 所示。

图 2.21 【多边形】对话框

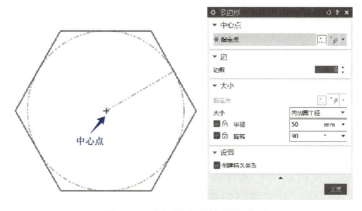

图 2.22 内切圆半径绘制多边形

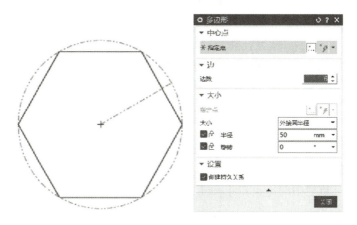

图 2.23 外接圆半径绘制多边形

4）边长：单击多边形按钮，选择边长方式绘制多边形，在对话框中设置相关参数，在绘图区选择中心点，完成绘制，如图 2.24 所示。

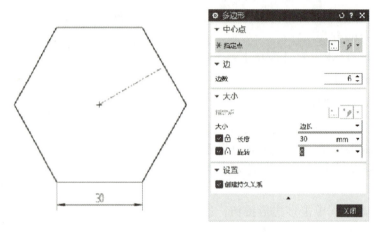

图 2.24　边长绘制多边形

7. 艺术样条

艺术样条是指关联或非关联的样条曲线，它能够将指定的各个点连接成一条光滑的曲线，【艺术样条】对话框如图 2.25 所示。

1）调用命令的方式。

① 单击下拉菜单栏中的【菜单】→【插入】→【曲线】→【艺术样条】。

② 单击工具栏的按钮 样条 。

2）通过点：该方式绘制的艺术样条完全通过点，在定义点时可以捕捉现有点，也可以直接创建定义点，建立艺术样条通过的指定点后，可自由控制艺术样条的形状为任意形状曲线。选择【通过点】类型，并在对话框中设置艺术样条曲线的有关参数后，直接在绘图区指定点并单击【确定】按钮，完成绘制操作，效果如图 2.26 所示，拖曳任意指定点可改变曲线的形状。

图 2.25　【艺术样条】对话框

3）通过极点：该方式通过极点来控制艺术样条的创建，极点数应比设置阶次的数值至少大 1，否则会创建失败，该方法的具体操作步骤与通过点的方式的操作步骤类似，效果如图 2.27 所示。

8. 圆角

圆角是指在草图中的两条或三条曲线之间绘制圆角，【圆角】对话框如图 2.28 所示。

1）调用命令的方式。

① 单击下拉菜单栏中的【菜单】→【插入】→【曲线】→【圆角】。

② 使用快捷键 <F>。

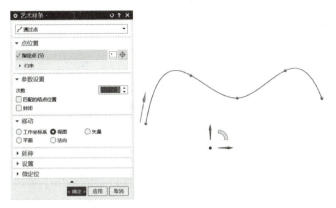

图 2.26　通过点绘制艺术样条

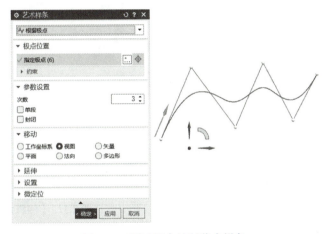

图 2.27　通过极点绘制艺术样条

③ 单击工具栏的按钮 ⌐ 圆角。

2）修剪：修剪输入曲线，如图 2.29 所示。

图 2.28　【圆角】对话框　　　　图 2.29　采用修剪方式绘制圆角

3）取消修剪：对原曲线不修剪也不延伸，使曲线保持修剪前的状态，如图 2.30 所示。
4）删除第三条曲线：删除选定的第三条曲线，如图 2.31 所示。
5）创建备选圆角：反向绘制圆角，使圆角与两曲线形成环形。

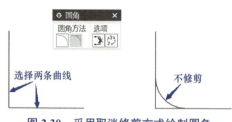

图 2.30 采用取消修剪方式绘制圆角

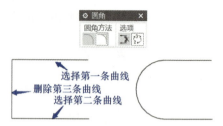

图 2.31 采用删除第三条曲线方式绘制圆角

9. 倒斜角

倒斜角是指对草图中两条线之间的尖角进行倒斜角,【倒斜角】对话框如图 2.32 所示。

1）调用命令的方式。

① 单击下拉菜单栏中的【菜单】→【插入】→【曲线】→【倒斜角】。

② 单击工具栏的按钮 倒斜角。

2）修剪输入曲线：勾选该复选按钮是指修剪原曲线，若取消勾选该复选按钮，则在保持原曲线的前提下倒斜角，与圆角里面的修剪和取消修剪方式一样。

3）对称：两距离相等进行倒斜角，如图 2.33a 所示。

4）非对称：两距离不相等进行倒斜角，如图 2.33b 所示。

5）偏置和角度：使用一个距离和一个角度进行倒斜角，如图 2.33c 所示。

图 2.32 【倒斜角】对话框

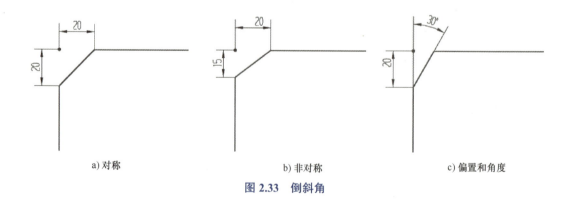

a) 对称   b) 非对称   c) 偏置和角度

图 2.33 倒斜角

三、草图编辑命令

1. 修剪

修剪命令可以在任意方向将曲线修剪到最近的交点或边界,【边界曲线】是可选项，若不选，则所有可选择的曲线都会被当作边界,【修剪】对话框如图 2.34 所示。

项目二 草图绘制

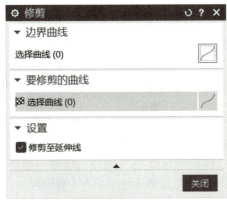

图 2.34 【修剪】对话框

修剪、延伸、拐角

1) 调用命令的方式。
① 单击下拉菜单栏中的【菜单】→【编辑】→【曲线】→【修剪】。
② 使用快捷键 <T>。
③ 单击工具栏的按钮 ╳。
　　　　　　　　　　修剪

2) 修剪命令有如下两种操作方法。
① 将鼠标指针移动到要修剪的曲线处，如图 2.35 所示，单击完成修剪，如图 2.36 所示。

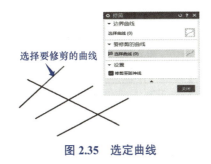

图 2.35 选定曲线　　　　　　　　　　图 2.36 完成修剪

② 修剪多条曲线时，按住鼠标左键不放，将鼠标指针移过每条曲线，系统会对这些曲线进行统一修剪，如图 2.37 所示。

2. 延伸

延伸命令可在草图上延伸对象，将曲线延伸至另一邻近曲线或选定的边界，可以通过按住鼠标左键拖动来延伸多条曲线，也可以将鼠标指针移动到要延伸的曲线上预览将要延伸的部分，【延伸】对话框如图 2.38 所示。

1) 调用命令的方式。
① 单击下拉菜单栏中的【菜单】→【编辑】→【曲线】→【延伸】。
② 使用快捷键 <E>。
③ 单击工具栏的按钮 ╱。
　　　　　　　　　　延伸

33

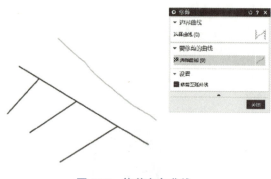
图 2.37 修剪多条曲线

图 2.38 【延伸】对话框

2）延伸命令有如下两种操作方法。

① 将鼠标指针移动到要延伸的曲线处，如图 2.39 所示，单击完成延伸，如图 2.40 所示。

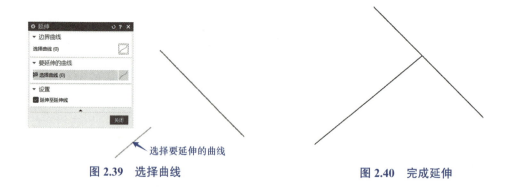

图 2.39 选择曲线　　　　　　　　　图 2.40 完成延伸

② 选择边界曲线，如图 2.41 所示。再将鼠标指针移动到要延伸的曲线处，如图 2.42 所示。

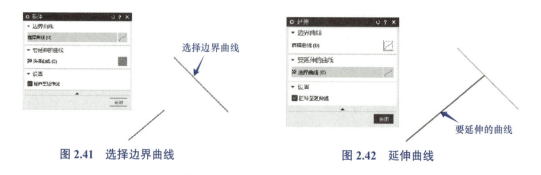

图 2.41 选择边界曲线　　　　　　　图 2.42 延伸曲线

3. 拐角

拐角命令可在草图上延伸或修剪两条曲线以绘制拐角，并且可以通过按住鼠标左键拖动来给多条曲线绘制拐角，【拐角】对话框如图 2.43 所示。

1）调用命令的方式。

① 单击下拉菜单栏中的【菜单】→【编辑】→【曲线】→【拐角】。

② 单击工具栏的按钮 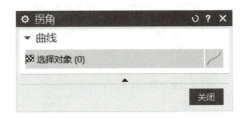。

2）拐角命令有如下两种操作方法。

① 不重合曲线绘制拐角，如图 2.44 所示。

图 2.43 【拐角】对话框

图 2.44 不重合曲线绘制拐角

② 两条相交曲线绘制拐角，如图 2.45 所示。

图 2.45 两条相交曲线绘制拐角

四、来自曲线集的曲线

1. 偏置曲线

该命令通过为草图平面上的曲线链指定偏置距离来生成偏置曲线，并对生成的偏置曲线与原曲线进行约束，偏置曲线与原曲线具有关联性。【偏置曲线】对话框如图 2.46 所示。

1）调用命令的方式。

① 单击下拉菜单栏中的【菜单】→【插入】→【来自曲线集的曲线】→【偏置曲线】。

② 单击工具栏的按钮 偏置。

2）偏置曲线操作：在工具栏中单击偏置曲线按钮，弹出相应对话框，如图 2.46 所示，选择要偏置的曲线，设置相关参数，单击【确定】按钮，完成偏置曲线操作，如图 2.47 所示。

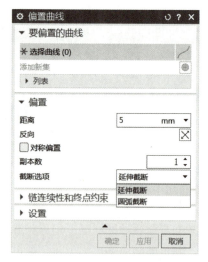

图 2.46 【偏置曲线】对话框

偏置曲线

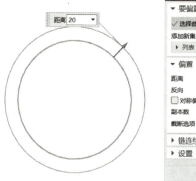

图 2.47 偏置曲线操作

3）对称偏置：勾选此复选按钮后，创建的偏置曲线为对称偏置曲线，如图 2.48 所示。

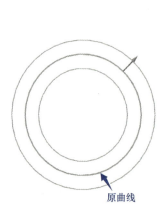

图 2.48 对称偏置

4) 圆弧截断：在【截断选项】下拉列表框里选中此选项后，创建的偏置曲线如图 2.49 所示。

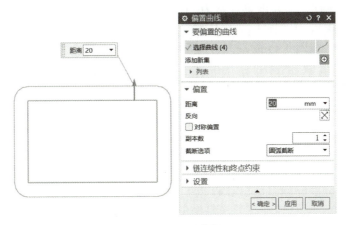

图 2.49 圆弧截断

2. 阵列曲线

该命令通过为草图平面上的曲线链指定布局来生成阵列曲线，并对生成的阵列曲线与原曲线进行约束，阵列曲线与原曲线具有关联性。以下主要介绍阵列曲线中的线性和圆形布局，【阵列曲线】对话框如图 2.50 所示。

1) 调用命令的方式。

① 单击下拉菜单栏中的【菜单】→【插入】→【来自曲线集的曲线】→【阵列曲线】。

② 单击工具栏的按钮 阵列。

2) 线性布局：选择矩形作为要阵列的曲线，并在相应对话框的【布局】下拉列表框处选择【线性】，单击【方向1】选项，在图形中选择 +XC 方向的图形线段作为方向1，设置数量为"3"，间隔为"100mm"；再勾选【使用方向2】选项，在图形中选择 +YC 方向作为方向2，设置数量为"4"，间隔为"80mm"，单击【确定】按钮完成操作，如图 2.51 所示。

图 2.50 【阵列曲线】对话框

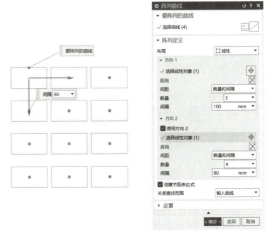

图 2.51 线性布局

3）圆形布局：在图形中选定正六边形作为要阵列的对象，在相应对话框的【布局】下拉列表框处选择【圆形】，并设置数量为"6"，间隔角为"60°"，在【旋转点】选项组下的【指定点】下拉列表框中选择【圆心】选项，并指定圆的圆心为阵列的中心点，单击【确定】按钮完成操作，如图 2.52 所示。

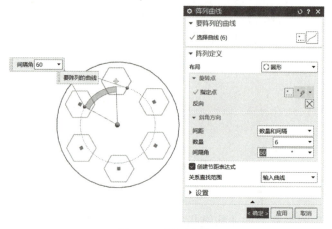

图 2.52　圆形布局

3. 镜像曲线

该命令可将草图中的指定几何对象以指定的一条直线为中心线进行镜像，以此复制出新的草图对象。镜像的曲线与原曲线形成一个新的整体，并且保持相关性，【镜像曲线】对话框如图 2.53 所示。

1）调用命令的方式。

① 单击下拉菜单栏中的【菜单】→【插入】→【来自曲线集的曲线】→【镜像曲线】。

② 单击工具栏的按钮 镜像。

2）镜像曲线操作：在工具栏中单击镜像曲线按钮，弹出【镜像曲线】对话框，如图 2.53 所示。选择要镜像的曲线，然后选择镜像的中心线，再单击【确定】按钮，完成镜像曲线操作，如图 2.54 所示。

图 2.53　【镜像曲线】对话框

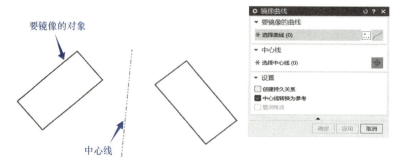

图 2.54　镜像曲线操作

3)中心线转换为参考:勾选此复选按钮,系统会将中心线转换为参考对象,若不勾选此复选按钮,中心线将保持原状不变。

4)显示终点:勾选此复选按钮,会显示出镜像后曲线的终点。

在镜像操作后,若删除镜像后的对象,则原对象不变。将镜像后的对象进行尺寸标注,则原对象也会跟着发生改变。

五、草图约束

1. 几何约束

几何约束是指几何元素之间所必须满足的某种关系,它可以用来确定单一草图元素的几何特征,或创建两个草图元素之间的结构特征关系及位置关系。在各种草图元素之间,可以通过几何约束得到需要的定位效果。可以说,几何约束是绘制所需的草图截面和进行参数化建模必不可少的工具,如图 2.55 所示。

图 2.55　几何约束

几何约束

1)调用命令的方式。

① 单击下拉菜单栏中的【菜单】→【编辑】→【曲线】。

② 单击工具栏的按钮 。

2)约束类型:几何约束中的约束类型根据所选取草图元素的不同而不同,在绘制草图过程中,可以根据具体情况添加不同的几何约束类型,常见几何约束类型和含义见表 2-1。

表 2-1　常见几何约束类型和含义

类型	含义
【设为重合】	将两个或两个以上的点约束在同一位置
【设为共线】	将指定的两条或多条直线共线
【设为水平】	将指定的指向方向约束为水平,即与草图坐标系的 XC 轴平行

（续）

类型	含义
【设为竖直】 │	将指定的指向方向约束为垂直，即与草图坐标系的YC轴平行
【设为相切】	将指定的两个对象约束为相切
【设为平行】 ∥	将指定的两条或多条直线约束为平行
【设为垂直】	将指定的两条直线约束为相互垂直
【设为相等】 ═	将指定的两条或多条直线约束为等长
【设为对称】	将指定的对象通过对称轴与第二个对象约束为对称关系
【设为中点对齐】	将指定的点作为指定曲线的中点

当在对象之间施加了几何约束后，将会导致草图对象的移动，移动的规则：如果所约束的对象此前都没有施加任何约束，则以先创建的草图对象为基准；如果所约束的对象此前已存在其他约束，则以此前的约束为基准。

2. 尺寸约束

尺寸约束相当于对草图进行标注，除了可以根据草图的尺寸约束看出草图元素的长度、半径和角度以外，还可以利用草图各点处的尺寸约束限制草图元素的大小和形状。

调用命令的方式如下。

1）单击下拉菜单栏中的【菜单】→【插入】→【尺寸】。

2）使用快捷键 <D>。

3）单击工具栏的按钮 快速尺寸。

3. 转换至／自参考对象

该命令可将草图的曲线或尺寸转换为参考对象，也可将参考对象转换为正常的曲线或尺寸。此外，有些草图对象和尺寸可能引起约束冲突，这时可以使用转换至／自参考对象命令来解决这一问题，其对话框如图 2.56 所示。

1）调用命令的方式。

①单击下拉菜单栏中的【菜单】→【工具】→【草图】→【转换至／自参考对象】。

②单击工具栏的按钮 。

图 2.56 【转换至／自参考对象】对话框

2）当草图中的曲线或尺寸须转换为参考对象时，可选择需转换的对象，并在相应对话框中选中【参考曲线或尺寸】单选按钮,然后单击【确定】按钮,系统就会将所选对象转换为参考对象,如图 2.57 所示。

图 2.57 转换为参考对象

3)当要将参考对象转换为草图中的曲线或尺寸时,需要选择已转换成参考对象的曲线,并选中相应对话框中的【活动曲线或尺寸】单选按钮,然后单击【确定】按钮,系统就会将所选的对象激活。

4)当活动对象转换为参考对象时呈灰色,同时不能驱动图形,双击也不能被激活及更新数值,参考尺寸的标签为数值形式,参考曲线的线型为点画线。

【任务训练】

绘制如图 2.58 所示的护板几何图形的草图。绘制中主要涉及的命令包括直线命令、圆命令、圆弧命令、圆角命令、转换至/自参考对象命令、几何约束命令和尺寸约束等。

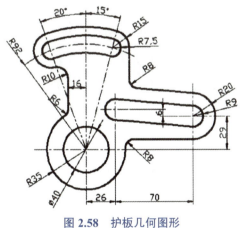

图 2.58 护板几何图形

草图综合训练

操作步骤如下。

1. 绘制中心线

1)单击按钮 ，系统弹出【创建草图】对话框,单击【确定】按钮,进入系统默认的草图工作平面。

2）进入草图工作平面后，单击工具栏中的直线按钮，在草图工作平面中绘制相互垂直的两条中心线，且与 X、Y 轴重合，如图 2.59 所示。

3）单击工具栏中的直线按钮，捕捉交点，绘制两条角度线，并进行尺寸约束（15°和 20°），如图 2.60 所示。

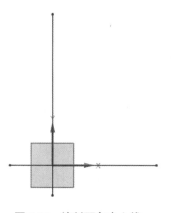

图 2.59　绘制两条中心线

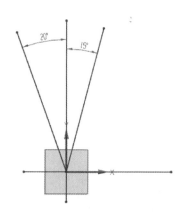

图 2.60　绘制两条角度线

4）单击工具栏中的直线按钮，绘制右边的中心线，并且对其进行尺寸约束，如图 2.61 所示。

5）单击工具栏中的圆弧按钮，选择【中心和端点定圆弧】来绘制圆弧，并且对其进行尺寸约束，如图 2.62 所示。

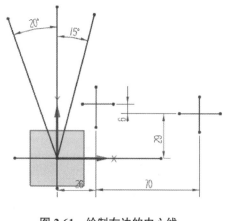

图 2.61　绘制右边的中心线

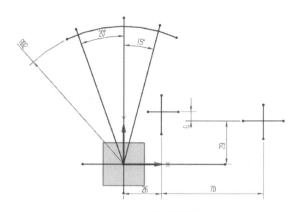

图 2.62　绘制圆弧

6）单击【菜单】→【工具】→【草图】→【转换至/自参考对象】，系统弹出【转换至/自参考对象】对话框，将草图中的曲线全部选中，单击【确定】按钮，完成中心线参考对象设置，如图 2.63 所示。

2. 绘制轮廓线

1) 单击工具栏中的圆按钮,并以中心线的交点为圆心,分别绘制 $\phi 70$、$\phi 40$、$\phi 18$、$\phi 30$ 和 $\phi 15$ 的圆,然后对这些圆进行尺寸约束,如图 2.64 所示。

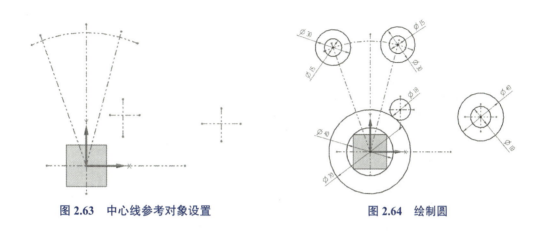

图 2.63 中心线参考对象设置　　　　　图 2.64 绘制圆

2) 单击工具栏中的直线按钮,绘制几条直线,并单击【设为相切】按钮对其进行约束相切,如图 2.65 所示。

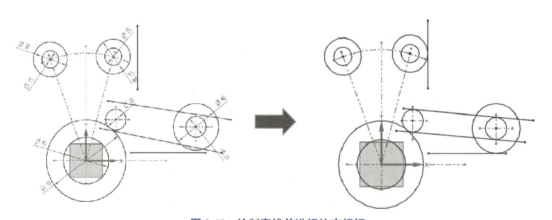

图 2.65 绘制直线并进行约束相切

3) 单击工具栏中的修剪按钮,将多余的线段修剪掉,如图 2.66 所示。

4) 单击工具栏中的偏置曲线按钮,弹出【偏置曲线】对话框,设置偏置距离为 7.5mm,将上面的圆弧进行上下偏置。然后再设置偏置距离为 11mm 和 16mm,对线段进行偏置,如图 2.67 所示。

5) 单击工具栏中的圆角按钮,弹出【圆角】对话框,选择修剪方式倒圆角,设置圆角大小为 R10、R8 和 R6,分别对各结构进行逆时针选择倒圆角,如图 2.68 所示。

6) 单击工具栏中的修剪按钮,将多余的线段修剪掉,最终效果如图 2.69 所示。

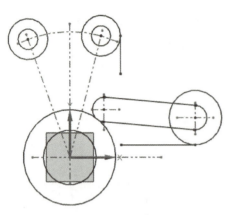

图 2.66 修剪

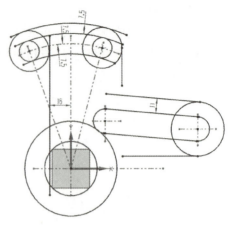

图 2.67 偏置

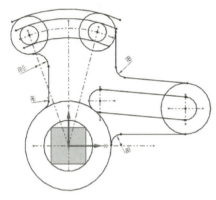

图 2.68 倒圆角

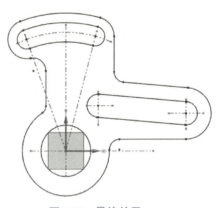

图 2.69 最终效果

【课后习题】

1. 思考题

（1）如何确定草图工作平面？

（2）有哪几种设置草图几何约束的方式？具体如何操作？

2. 练习题

用所学的命令画出图 2.70 所示图形。

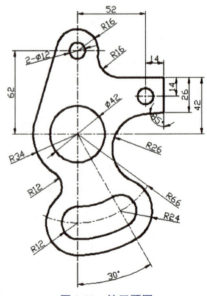

图 2.70 练习题图

项目三
产品线架构绘制

【项目描述】

本项目主要学习 UG NX 的曲线功能，并以此完成三维模型的空间曲线建立和编辑。UG NX 的曲线功能在其 CAD 模块中应用非常广泛，有些实体需要通过曲线的拉伸、旋转等操作去构造，也可以用曲线去创建曲面并构造复杂实体模型。通过本项目的学习，掌握建立曲线的方法及编辑曲线的方法，包括直线、圆弧/圆、桥接曲线、艺术样条、分割曲线、投影曲线和相交曲线等命令（有些命令默认不显示，可从【定制】或【命令查找器】里调出）的应用。

【学习目标】

- **知识目标**
  ◎ 熟悉曲线命令的操作。
  ◎ 掌握建立及编辑曲线的方法。
- **情感目标**
  ◎ 提高曲线图形分析能力。
  ◎ 培养创新精神及乐于探索的态度。
  ◎ 培养积极向上的乐观情绪。

【学习任务】

曲线绘制及编辑曲线

【知识链接】

一、曲线

1. 直线

直线命令可以创建直线段,当所需创建直线的数量较少,或在三维空间中与几何体相关时,应用直线命令比较方便,【直线】对话框如图3.1所示。

图 3.1 【直线】对话框

直线

(1) 调用命令的方式

1) 单击下拉菜单栏中的【菜单】→【插入】→【曲线】→【直线】。

2) 单击工具栏的按钮 ╱直线。

(2) 起点选项　该选项用于定义直线的起点。

1) 自动判断:通过一个或多个点来创建直线。

2) 点:根据选择的对象来确定使用的最佳起点选项,如图3.2所示。

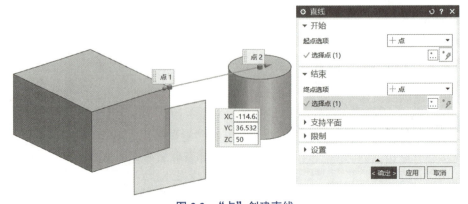

图 3.2 "点"创建直线

3）相切：用于创建与弯曲对象相切的直线，如图 3.3 所示。

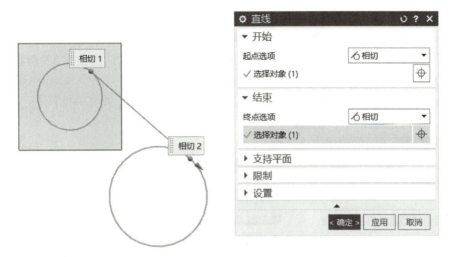

图 3.3 "相切"创建直线

（3）终点选项　该选项用于定义直线的终点。

1）成一角度：用于创建与选定的参考对象成一角度的直线，如图 3.4 所示。

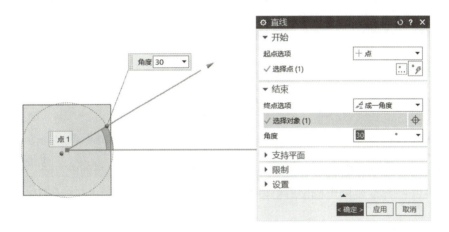

图 3.4 "成一角度"创建直线

2）沿 XC：创建平行于 XC 轴的直线。
3）沿 YC：创建平行于 YC 轴的直线。
4）沿 ZC：创建平行于 ZC 轴的直线。
5）沿法向：沿所选对象的法线创建直线。

（4）支持平面　该选项卡用于在各支持平面上定义直线。支持平面可以是自动平面、锁定平面或选择平面。

（5）限制　该选项卡用于指定起始与终止限制以控制直线长度，如指定对象、位置或值。

（6）设置　该选项卡用于设置直线是否具有关联性。若更改输入参数，则关联曲线将会自动更新。

2. 圆弧/圆

圆弧/圆命令可创建关联的空间圆弧和圆。圆弧类型取决于组合的约束类型。通过组合不同类型的约束，可以创建多种类型的圆弧和圆，【圆弧/圆】对话框如图 3.5 所示。

（1）调用命令的方式

1）单击下拉菜单栏中的【菜单】→【插入】→【曲线】→【圆弧/圆】。

2）单击工具栏的按钮 。

（2）设置圆弧或圆的创建方法类型

1）三点画圆弧：在指定圆弧必须通过的三个点或指定两个点及半径后创建圆弧，如图 3.6 所示。

图 3.5　【圆弧/圆】对话框

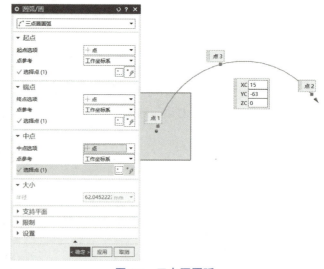

图 3.6　三点画圆弧

2）从中心开始的圆弧/圆：在指定圆弧的中心及第二个点或半径后创建圆弧，如图 3.7 所示。

（3）起点　该选项卡用于指定圆弧起点的约束。在【圆弧/圆】对话框中设置"三点画圆弧"时显示。

（4）端点　该选项卡用于指定圆弧终点的约束。在【圆弧/圆】对话框中设置"三点画圆弧"时显示。【终点选项】中的"自动判断""点"和"相切"的作用方式与【起点选项】中的相同。

（5）中点　该选项卡用于指定中点的约束。【中点选项】中的"自动判断""点""相切"和"半径"的作用与【终点选项】中的相同。

（6）中心点　该选项卡用于为圆弧中心选择一个点或位置，仅在【圆弧或圆】对话框中的类型设置为"从中心开始的圆弧/圆"时显示。

（7）通过点　该选项卡用于指定终点的约束。仅在选择"从中心开始的圆弧/圆"时显示。

（8）大小　该选项卡在【中点选项】被设置为"半径"时可用，用于指定半径的值。

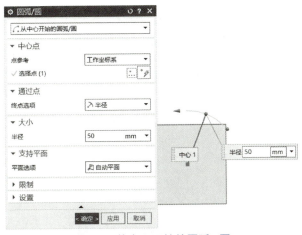

图 3.7 从中心开始的圆弧/圆

3. 螺旋线

螺旋线是指由一些特殊运动所产生的轨迹。螺旋线是一种特殊的规律曲线，它是具有指定圈数、步距、弧度、旋转方向和方位的曲线，【螺旋】对话框如图 3.8 所示。

（1）调用命令的方式

1）单击下拉菜单栏中的【菜单】→【插入】→【曲线】→【螺旋】。

2）单击工具栏的按钮 。

（2）沿矢量　该方式通过设置按照规律进行变化的螺旋线半径来创建螺旋线。

单击工具栏中的螺旋按钮，选择"沿矢量"，指定坐标系为"绝对 CSYS"，然后在【螺旋】对话框中设置相关尺寸，单击【确定】按钮，即可完成螺旋线的绘制，如图 3.9 所示。

图 3.8 【螺旋】对话框

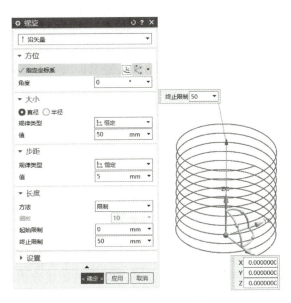

图 3.9 沿矢量绘制螺旋线

（3）沿脊线　该方式通过输入螺旋线的半径为一定值来创建螺旋线，而且螺旋线每圈之间的半径值相同。

单击工具栏中的螺旋按钮，选择"沿脊线"，选定绘制好的艺术样条曲线为脊线，然后在【螺旋】对话框中设置相关尺寸，单击【确定】按钮，完成螺旋线绘制，如图 3.10 所示。

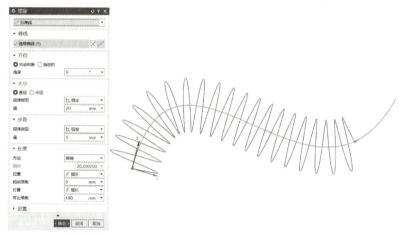

图 3.10　沿脊线绘制螺旋线

（4）方位

1）指定坐标系：用于指定坐标系，以定向螺旋线。可以通过单击【坐标系对话框】按钮或者选择【坐标系下拉菜单】来指定。将类型设置为"沿矢量"或为"沿脊线"，并将方位设置为指定时可用。

2）角度：用于指定螺旋线的起始角，起始角为零时则与指定坐标系的 X 轴对齐。

（5）大小

1）【直径】和【半径】单选按钮：用于定义螺旋线的直径值和半径值。

2）【规律类型】下拉列表框：用于指定半径或直径大小的规律类型。

（6）步距

【规律类型】下拉列表框：定义恒定或可变步距（每个圈之间的距离）的大小值。

（7）长度

【方法】下拉列表框：按照圈数或起始/终止限制来指定螺旋线的长度，包括"限制"和"圈数"选项，"限制"用于根据弧长或弧长百分比指定起点和终点位置，"圈数"用于指定螺旋线的圈数，输入的数值必须大于 0

（8）设置

【旋转方向】下拉列表框：用于指定螺旋线绕螺旋轴旋转的方向，其中"右手"指螺旋线为右旋（逆时针）；"左手"指螺旋线为左旋（顺时针）。

4. 艺术样条

艺术样条是通过多项式函数和所设定的控制点来近似拟合曲线的一种工具，其曲线形状完全由这些控制点来控制。这种近似的创建方法能够很好地满足设计的多样化需求，因此艺术样条在多个领域的用途都很广泛。【艺术样条】对话框如图 3.11 所示。

(1) 调用命令的方式
1) 单击下拉菜单栏中的【菜单】→【插入】→【曲线】→【艺术样条】。
2) 单击工具栏的按钮 。
(2) 通过点　指定一组数据点，并使艺术样条通过所有这些点，如图 3.12 所示。

图 3.11　【艺术样条】对话框

图 3.12　通过点绘制艺术样条

(3) 根据极点　使艺术样条向各数据点（即极点）移动，但并不通过这些点，如图 3.13 所示。

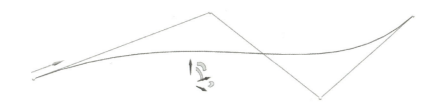

图 3.13　根据极点绘制艺术样条

5. 文本

文本命令可使用本地 Windows 字体库中的 TrueType 字体生成文本，【文本】对话框如图 3.14 所示。

(1) 调用命令的方式
1) 单击下拉菜单栏中的【菜单】→【插入】→【曲线】→【文本】。
2) 单击工具栏的按钮 。
(2) 平面的　该方式用于在平面上创建文本。

单击工具栏中的文本按钮,选择"平面的",输入"文本",选择需要的字型,在长方体表面指定点,然后在【文本】对话框中设置相关尺寸,单击【确定】按钮,完成文本创建,如图3.15所示。

图3.14 【文本】对话框　　　　　　　图3.15 平面的创建文本

（3）曲线上　该方式用于沿相连曲线串创建文本。在每个文本字符的后面都跟有曲线串的曲率,可以指定所需的字符方向,如果是直线,则必须指定字符方向。

单击工具栏中的文本按钮,选择"曲线上",选择艺术样条,输入"艺术样条",选择需要的字体,然后在【文本】对话框中设置相关尺寸,单击【确定】按钮,完成文本创建,如图3.16所示。

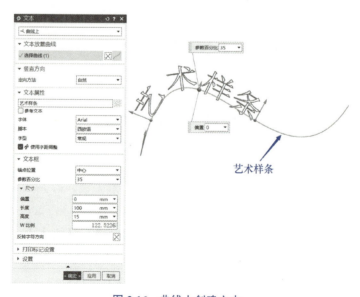

图3.16 曲线上创建文本

(4)在面上 该方式用于在一个或多个相连面上创建文本。

单击工具栏中的文本按钮,选择"在面上",选择长方体表面作为放置面,再选择长方体表面上的圆弧作为面上的位置,输入"技术要求",选择需要的字体,然后在【文本】对话框中设置相关尺寸,单击【确定】按钮,完成文本创建,如图 3.17 所示。

二、派生曲线

1. 偏置曲线

偏置曲线命令可将选取的曲线按照指定的距离进行偏置,偏置后的曲线具有与原曲线相同的形状。【偏置曲线】对话框如图 3.18 所示。

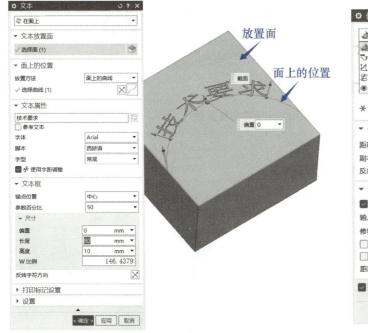

图 3.17 在面上创建文本

图 3.18 【偏置曲线】对话框

(1)调用命令的方式

1)单击下拉菜单栏中的【菜单】→【插入】→【派生曲线】→【偏置曲线】。

2)单击工具栏的按钮 偏置曲线。

(2)距离 该方式用于在输入曲线平面上的恒定距离处创建偏置曲线,如图 3.19 所示。

(3)拔模 该方式用于在与输入曲线所在平面平行的平面上创建指定角度的偏置曲线,如图 3.20 所示。

(4)规律控制 该方式用于在输入曲线所在平面上,且在【规律类型】指定规律所定义的距离处创建偏置曲线,如图 3.21 所示。

(5)3D 轴向 该方式用于创建共面或非共面三维曲线的偏置曲线,必须指定距离和方向,ZC 轴是初始默认值,其生成的偏置曲线总是一条艺术样条,如图 3.22 所示。

图 3.19 距离方式创建偏置曲线

图 3.20 拔模方式创建偏置曲线

2. 桥接曲线

桥接曲线命令可在曲线上通过用户指定的点对两条不同位置的曲线进行倒圆角或融合操作,主要用于创建两条曲线间的圆角,使两条曲线相切,【桥接曲线】对话框如图 3.23 所示。

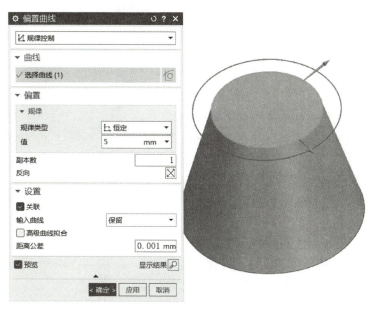

图 3.21 规律控制方式创建偏置曲线

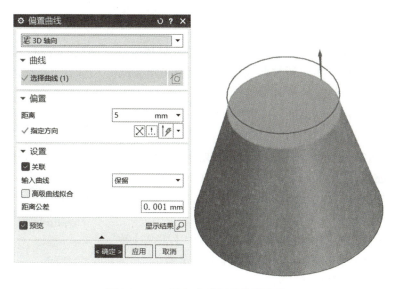

图 3.22 3D 轴向方式创建偏置曲线

(1) 调用命令的方式

1) 单击下拉菜单栏中的【菜单】→【插入】→【派生曲线】→【桥接】。

2) 单击工具栏的按钮 ⌇桥接。

(2) 起始对象

1) 截面：选择一个可以定义曲线起点的截面，可以选择曲线或边。

2) 对象：选择一个对象来定义曲线的起点，可以选择面或点。

(3)终止对象

1)截面：选择一个可以定义曲线终点的截面，可以选择曲线或边。

2)对象：选择一个对象来定义曲线的终点，可以选择面或点。

3)基准：允许用户为曲线终点选择一个基准，并且曲线与该基准垂直，此单选按钮仅适用于终止对象，将【连续性】设置为 G2，将【形状控制】设置为深度和歪斜度。

4)矢量：允许用户选择一个可以定义曲线终点的矢量。

(4)连接

1)开始/结束：用于指定要编辑的点为起点或终点，可以为桥接曲线的起点与终点单独设置连续性、位置及方向。

2)连续性：包括 G0（位置）、G1（相切）、G2（曲率）和 G3（流）。

3)位置：包括圆弧、弧长百分比、参数百分比和通过点。

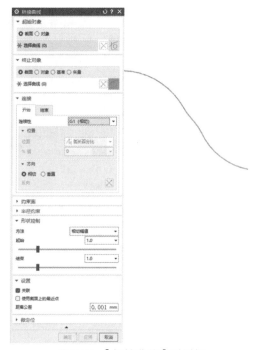

图 3.23 【桥接曲线】对话框

4)方向：允许用户基于所选几何体来定义曲线的方向，包括相切（定义拾取点处指向桥接曲线终点的相切矢量方向）和垂直（强制选择点处指向桥接曲线终点的法向）。

(5)约束面

此处用于指定桥接曲线的约束面。在设计过程中，若需使曲线与特定的面集完全重合，或当构建曲线网络以定义用于倒圆角操作的相切边界时，应使用此功能。**注意**：【约束面】仅支持 G0 与 G1 两种连续性类型，不支持复杂的二次曲线形状类型。

投影曲线

(6)半径约束　指定半径最小值或峰值。

(7)形状控制　控制桥接曲线的形状，其中【方法】默认为"相切峰值"，用交互方式对桥接曲线进行定型。

(8)设置　设置桥接曲线是否关联。

3. 投影曲线

投影曲线命令可将曲线、边和点投影到面、体和基准平面上。投影方向可指定为沿矢量、点或面的法向，或者与其成一角度，【投影曲线】对话框如图 3.24 所示。

(1)调用命令的方式

1)单击下拉菜单栏中的【菜单】→【插入】→【派生曲线】→【投影】。

图 3.24 【投影曲线】对话框

2)单击工具栏的按钮 。

（2）要投影的曲线或点　选择要投影对象的曲线、边、点或草图，也可以使用点构造器来创建点。

（3）投影方向

1）沿面的法向：沿着投影曲面的法向进行投影，如图 3.25 所示。

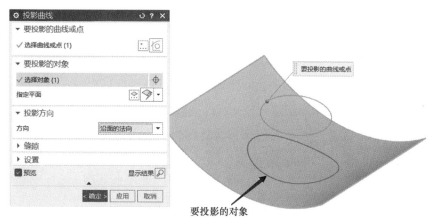

图 3.25　沿面的法向投影曲线

2）朝向点：将投影对象指向设定的点生成投影曲线。

3）朝向直线：将投影对象上的点垂直指向所选的直线，并按各点的指向方向进行投影。

4）沿矢量：将用户指定的矢量方向作为投影方向，同时用户可以在【投影选项】下拉列表框中选择"投影两侧"，使曲线沿着指定的方向朝两侧进行投影，图 3.26 所示为沿 –ZC 方向投影曲线。

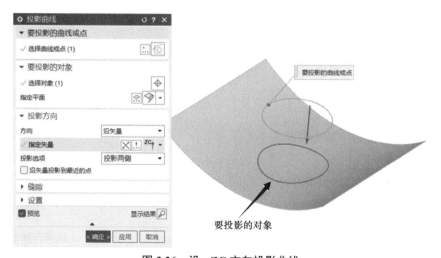

图 3.26　沿 –ZC 方向投影曲线

5)与矢量所成的角度:以与用户指定的方向成一定角度的方向进行投影。

4. 组合投影

组合投影命令可以在两条曲线的相交处创建一条新的曲线,要求这两条曲线的投影必须相交,如图 3.27 所示。

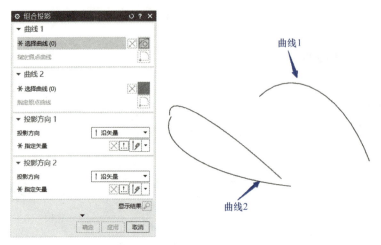

图 3.27 组合投影

(1)调用命令的方式

1)单击下拉菜单栏中的【菜单】→【插入】→【派生曲线】→【组合投影】。

2)单击工具栏的按钮 组合投影 。

(2)【曲线 1】和【曲线 2】选项卡

1)选择曲线:用于分别选择第一条或第二条要投影的曲线。

2)反向:反转显示方向。

3)指定原点曲线:用于从该曲线环中指定原点曲线。

其他选项内容与投影曲线里面的选项内容类似。

5. 镜像曲线

镜像曲线命令可通过基准平面或平面来创建镜像曲线。如果曲线是关于一个平面对称的,可以用镜像曲线命令来简化作图,【镜像曲线】对话框如图 3.28 所示。

(1)调用命令的方式

1)单击下拉菜单栏中的【菜单】→【插入】→【派生曲线】→【镜像曲线】。

2)单击工具栏的按钮 镜像曲线 。

(2)曲线 用于选择要进行镜像的曲线、边或草图。

(3)镜像平面 用于选择基准平面或平面作为对称平面。

图 3.28 【镜像曲线】对话框

1）现有平面：选择一个面或基准平面来对选中曲线进行镜像，如图 3.29 所示。

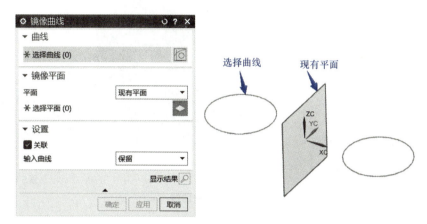

图 3.29　现有平面方式镜像曲线

2）新平面：创建一个基准平面用于镜像曲线，如图 3.30 所示。

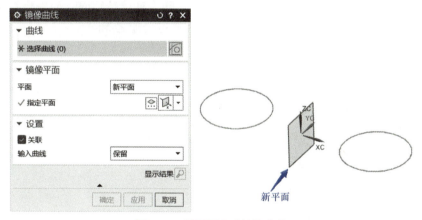

图 3.30　新平面方式镜像曲线

6. 相交曲线

相交曲线命令用于生成两组对象的相交曲线，各组对象可分别为一个表面（若为多个表面，则它们必须属于同一个实体）、一个参考面、一个片体或一个实体。

单击工具栏中的相交曲线按钮，打开【相交曲线】对话框，选择第一组对象和第二组对象，求出二者的相交曲线，如图 3.31 所示。

（1）调用命令的方式

1）单击下拉菜单栏中的【菜单】→【插入】→【派生曲线】→【相交曲线】。

2）单击工具栏的按钮 相交曲线。

（2）【第一组】和【第二组】选项卡　用于选择或指定两组对象进行求交，每组对象可以是一个面、多个面或基准平面。

1）选择面：单击以选择面。

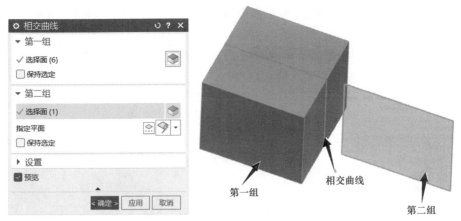

图 3.31　相交曲线

2）指定平面：定义基准平面以包含在一组要求交的对象中。

3）保持选定：勾选【保持选定】复选按钮时，用于在创建相交曲线之后重新选用时保持之前的选择方式。

（3）设置　确定截面曲线是否关联，勾选【关联】复选按钮时，如果删除相交曲线中的"第一组"或"第二组"对象，则创建的相交曲线也会随之删除。

7. 抽取曲线

抽取曲线命令可使用一个或多个实体/面的边来创建直线、圆弧和艺术样条等。抽取的实体不会发生变化，大多数抽取曲线是非关联的，如图 3.32 所示。

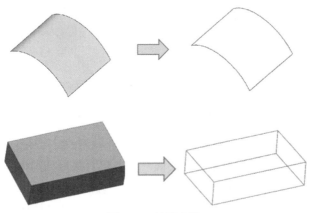

图 3.32　抽取曲线

单击工具栏中的抽取曲线按钮，打开【抽取曲线】对话框，如图 3.33 所示，选取抽取类型。

（1）调用命令的方式

1）单击下拉菜单栏中的【菜单】→【插入】→【曲线】→【抽取曲线】。

2）单击工具栏的按钮 。

（2）边曲线　从指定的边抽取曲线，如图 3.32 所示。

（3）轮廓曲线　从轮廓边缘抽取曲线，如图 3.34 所示。

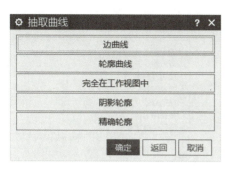

图 3.33 【抽取曲线】对话框

图 3.34 抽取轮廓曲线

（4）完全在工作视图中　从工作视图中实体的所有可见边（包括轮廓边缘）抽取曲线。
（5）阴影轮廓　在工作视图中抽取仅显示实体轮廓的曲线。
（6）精确轮廓　使用可产生精确效果的三维曲线算法在工作视图中抽取显示实体轮廓的曲线。

三、编辑曲线

1. 修剪曲线

修剪曲线是指修剪或延伸曲线到选定的边界对象，根据选择的边缘实体（如曲线、边缘、平面、点或指针位置）和要修剪的曲线的端点来实现，如图 3.35 所示。

 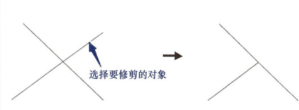

图 3.35 修剪曲线

（1）调用命令的方式
1）单击下拉菜单栏中的【菜单】→【编辑】→【曲线】→【修剪曲线】。
2）单击工具栏的按钮 ✢ 。

（2）要修剪的曲线　用于选择要修剪或延伸的一条或多条曲线，可以是直线、圆弧、二次曲线和艺术样条。

1）选择曲线：用于选择要修剪或延伸的一条或多条曲线。
2）要修剪的端点：用于指定要修剪或延伸曲线的哪一端。如果选择一条曲线进行修剪或延伸，其起点或终点处会显示一个小椭圆。如果选择多条曲线，则不会显示小椭圆。如果要修剪的多条曲线形成一个曲线链，则在曲线链上执行修剪操作时会把该链当作一条连续的曲线。

2. 分割曲线

分割曲线是指将曲线分割成多个节段，每个节段都是一个独立的线段，并会被赋予和原先曲线相同的线型，【分割曲线】对话框如图 3.36 所示。

（1）调用命令的方式

1）单击下拉菜单栏中的【菜单】→【编辑】→【曲线】→【分割曲线】。

2）单击工具栏的按钮 ┿ 分割曲线。

（2）按边界对象　该方式利用边界对象来分割曲线。选择"按边界对象"选项，并选取要分割的曲线，根据系统提示选取边界对象，最后单击【确定】按钮即可完成操作，如图 3.37 所示。

图 3.36 【分割曲线】对话框

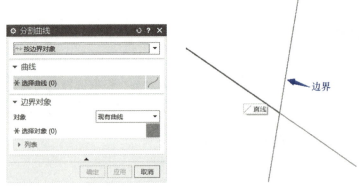

图 3.37 按边界对象分割曲线

（3）等分段　该方式可以将一条曲线分割成多段曲线，且各段曲线长度相等，如图 3.38 所示。

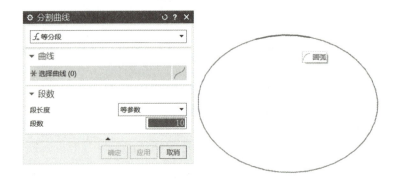

图 3.38 等分段分割曲线

（4）弧长段数　该方式通过分别定义各阶段的弧长来分割曲线，选择"弧长段数"选项，然后选取要分割的曲线，最后在【弧长】文本框中设置弧长段数并单击【确定】按钮即可。

（5）在结点处　该方式只能分割艺术样条，即在艺术样条的定义点处将艺术样条分割成多个节段，选择该选项后，选取要分割的艺术样条，然后在【方法】列表中选择分割的方法，最后单击【确定】按钮即可。

（6）在拐角上　该方式可在拐角处分割艺术样条，选择该选项后，选取要分割的艺术样条，系统会在艺术样条的拐角处将其分割。

3. 曲线长度

曲线长度命令通过指定增量或总弧长的方式来改变曲线的长度，它同时具有延伸或修剪弧长的双重功能，利用该命令可以在曲线的每个端点处延伸或缩短一段长度，或使其达到一个双重曲线长度，【曲线长度】对话框如图 3-39 所示。

图 3.39　【曲线长度】对话框

（1）调用命令的方式

1）单击下拉菜单栏中的【菜单】→【编辑】→【曲线】→【曲线长度】。

2）单击工具栏的按钮 。

（2）曲线长度操作　单击工具栏中的曲线长度按钮，打开【曲线长度】对话框，选择曲线，设置相关参数，如图 3.40 所示。

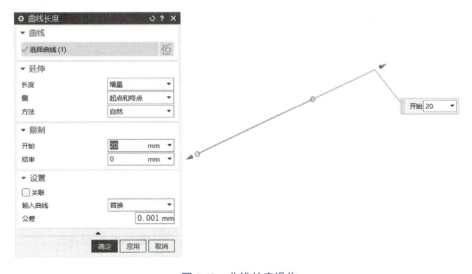

图 3.40　曲线长度操作

机电产品数字化设计

【任务训练】

创建如图 3.41 所示智能剃须刀产品线架结构，主要涉及的命令包括显示和隐藏、艺术样条、分割曲线、文本等。

 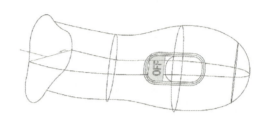

图 3.41　智能剃须刀产品线架结构

产品线架构绘制——
轮廓线绘制

操作步骤如下。

1. 绘制轮廓线

1）打开点云文件剃须刀 .igs，如图 3.42 所示。

2）选择【菜单】→【编辑】→【显示和隐藏】→【隐藏】和【反转显示和隐藏】命令，然后通过颜色过滤器单独显示蓝色点云，如图 3.43 所示。

图 3.42　点云文件剃须刀 .igs　　　　　图 3.43　蓝色点云

3）选择曲线工具栏中【高级】→【拟合曲线】命令，使用"拟合样条"-"次数和公差"方式选择起始点和终止点，创建艺术样条，如图 3.44 所示。

4）采用与第 2）步相同的方法将红色点云单独显示，如图 3.45 所示。

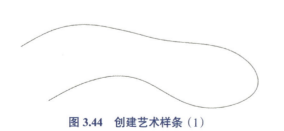 

图 3.44　创建艺术样条（1）　　　　　图 3.45　红色点云

5）采用与第 3）步相同的方法创建拟合曲线，如图 3.46 所示。

6）最终形成剃须刀轮廓线，如图 3.47 所示。

图 3.46　创建艺术样条（2）

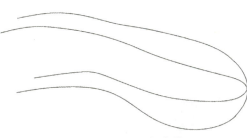

图 3.47　剃须刀轮廓线

2. 绘制截面线

1）选择【菜单】→【编辑】→【显示和隐藏】→【隐藏】和【反转显示和隐藏】命令，然后通过颜色过滤器单独显示绿色和黄色点云，如图 3.48 所示。

2）选择曲线工具栏中【高级】→【拟合曲线】命令，使用"拟合样条"-"次数和公差"方式选择绿色和黄色点云，如图 3.49 所示，依次创建 4 条拟合曲线，如图 3.50 所示。

3）完成剃须刀轮廓线和截面线的绘制，如图 3.51 所示。

图 3.48　绿色和黄色点云

图 3.49　"拟合样条"-"次数和公差"方式

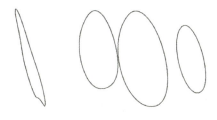

图 3.50　依次创建 4 条拟合曲线

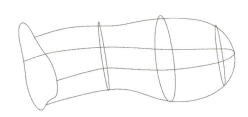

图 3.51　完成剃须刀轮廓线和截面线的绘制

3. 线架结构细节处理

1）选择【菜单】→【编辑】→【曲线】→【分割曲线】命令，使用"按边界对象"方式将剃须刀的两条轮廓线分割成四条曲线（为便于后续创建曲面），如图 3.52 所示。

2）用第 1）步同样的方法将第一个截面进行分割，如图 3.53 所示。

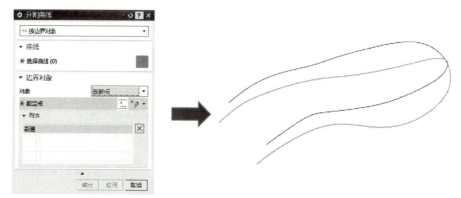

产品线架构绘
制——细节处理

图 3.52 "按边界对象"方式分割曲线

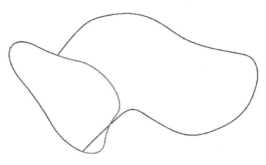

图 3.53 分割第一个截面

4. 刀头部分线架结构绘制

1)选择曲线工具栏中【直线】命令,捕捉刀头部分曲线的端点,绘制一条直线,如图 3.54 所示。

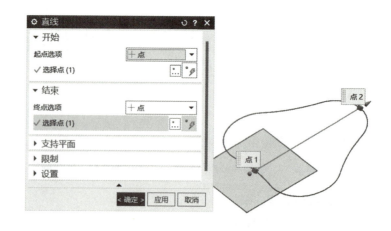

产品线架构绘制——
刀头部分绘制

图 3.54 绘制直线(1)

2）显示坐标，然后双击坐标，将坐标移动到曲线的端点上，如图 3.55 所示。

3）单击 XC 轴，然后单击第 2）步绘制的直线，使 XC 轴与直线重合，按下鼠标滚轮，如图 3.56 所示。

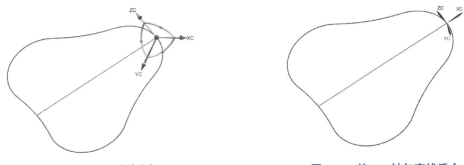

图 3.55　移动坐标　　　　　　　　图 3.56　使 XC 轴与直线重合

4）双击坐标系，单击 XC 轴，输入 "–4"，使坐标向左移动，按下鼠标滚轮，如图 3.57 所示。

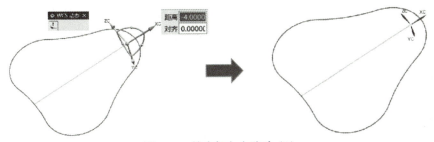

图 3.57　使坐标向左移动（1）

5）选择曲线工具栏中【直线】命令，"起点"为 WCS 原点，"终点"为沿 YC 轴方向，【距离】为 –3，单击【确定】按钮，如图 3.58 所示。

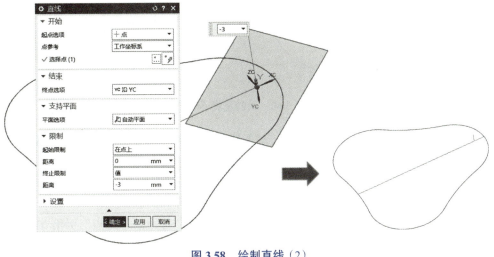

图 3.58　绘制直线（2）

6）选择曲线→【直线】命令，"起点"捕捉第 5）步绘制的直线端点，"终点"为沿 XC 轴方向，【距离】为 –5，单击【确定】按钮，如图 3.59 所示。

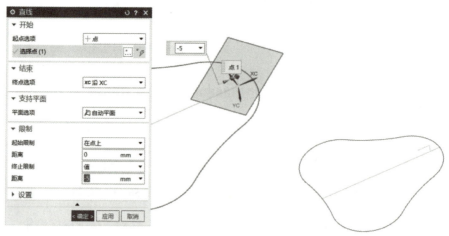

图 3.59　绘制直线（3）

7）选择曲线工具栏中【直线】命令，"起点"捕捉第 6）步绘制的直线端点，"终点"为沿 YC 轴方向，【距离】为 1.5，单击【确定】按钮，如图 3.60 所示。

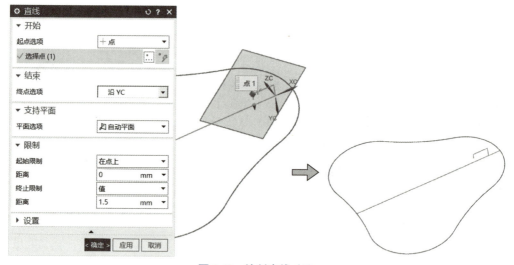

图 3.60　绘制直线（4）

8）选择曲线工具栏中【直线】命令，"起点"捕捉第 7）步绘制的直线端点，"终点"为沿 XC 轴方向，【距离】为 –5，单击【确定】按钮，如图 3.61 所示。

9）双击坐标，单击 XC 轴，输入"–25"，使坐标向左移动，按下鼠标滚轮，如图 3.62 所示。

10）选择曲线工具栏中【直线】命令，"起点"为 WCS 原点，"终点"为沿 YC 轴方向，【距离】为 –20，单击【确定】按钮，如图 3.63 所示。

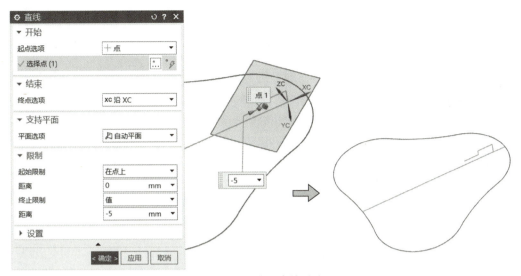

图 3.61　绘制直线（5）

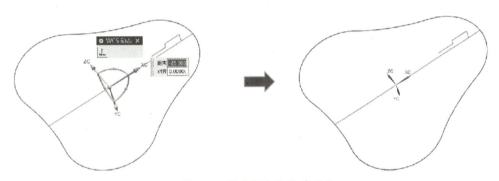

图 3.62　使坐标向左移动（2）

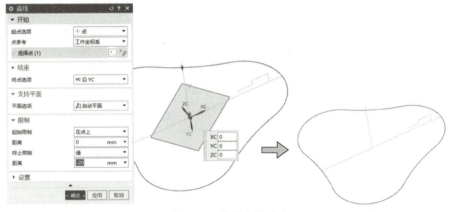

图 3.63　绘制直线（6）

5. 开关按钮线架结构绘制

1）选择曲线工具栏中【草图】命令，选择"XC-ZC"平面，完成 U 形槽草图的绘制，如图 3.64 所示。

产品线架构绘制——开关按钮绘制

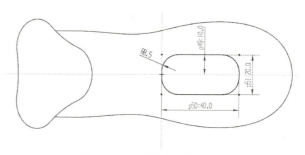
图 3.64　U 形槽草图的绘制

2）选择【草图】→【偏置曲线】命令，选择第 1）步创建的矩形，设【距离】为 1，【副本数】为 2，朝内部偏置，单击【确定】按钮，如图 3.65 所示。

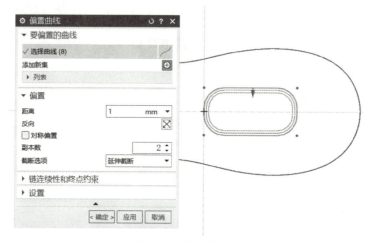
图 3.65　偏置曲线

3）选择【草图】→【阵列曲线】命令，弹出【阵列曲线】对话框，选择曲线，【布局】选择"线性"，【选择曲线】为"XC"，【间隔】为"12"，单击【确定】按钮，如图 3.66 所示。

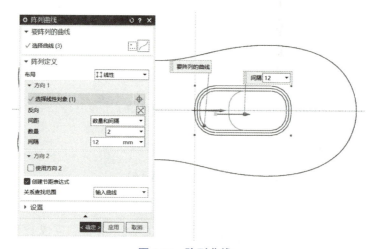
图 3.66　阵列曲线

4）选择【曲线】→【直线】命令，弹出【直线】对话框，在【起点选项】处选择"点"，点坐标修改为（13，0，–8），【终点选项】处选择"沿 ZC"，单击【确定】按钮，如图 3.67 所示。

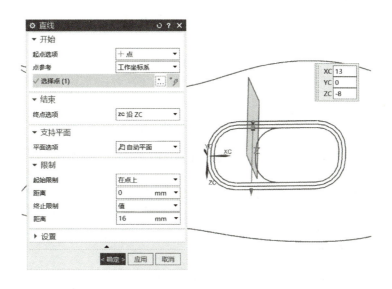

图 3.67　绘制直线（7）

5）单击主页工具栏中的拉伸按钮 ，打开【拉伸】对话框，选择第 4）步绘制的直线，设置【指定矢量】为"–XC"，起始距离为 0，终止距离为 10，【布尔】为"无"，单击【确定】按钮，如图 3.68 所示。

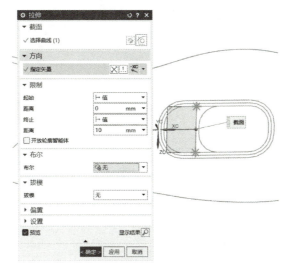

图 3.68　拉伸

6）输入"W"显示坐标系，双击坐标系，然后进行坐标系的动态旋转，这里应绕 XC 轴旋转 90°，最后按下鼠标滚轮，其效果如图 3.69 所示。

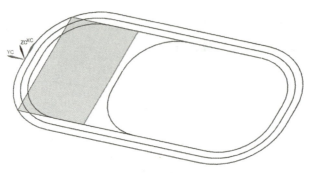

图 3.69 旋转坐标

7）选择曲线工具栏中【文本】命令，选择"在面上"，在【文本属性】文本框中输入"OFF"，设置相关参数，单击【确定】按钮，完成开关按钮线架结构的绘制，如图 3.70 所示。

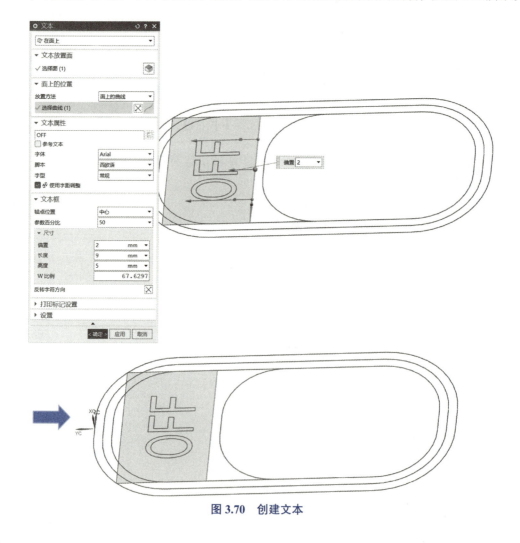

图 3.70 创建文本

【课后习题】

1. 思考题

(1)【投影曲线】对话框中【方向】下拉列表框各选项的作用是什么?

(2)简述【曲线】操作方法,其注意事项是什么?

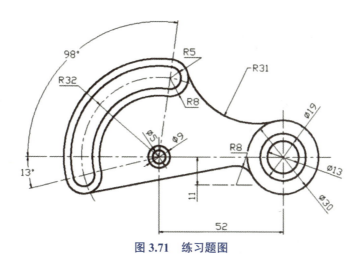

图 3.71　练习题图

2. 练习题

用所学的命令画出图 3.71 所示的图形。

项目四
智能充电器实体建模

【项目描述】

本项目主要学习实体特征的各种创建方法及相关特征的编辑方法，包括拉伸、基准平面、合并及移除参数等命令（有些命令默认不显示，可从【定制】或【命令查找器】里调出）的应用。

【学习目标】

- 知识目标
◎ 熟悉 UG NX 实体特征的创建方法及相关编辑方法。
◎ 掌握实体建模。

- 情感目标
◎ 培养实体建模思维与分析能力。
◎ 提高三维空间想象能力及创新能力。
◎ 激发对课堂教学的兴趣和热情。

【学习任务】

实体建模及编辑特征

【知识链接】

UG NX 的【特征】工具栏及【编辑特征】工具栏中提供了许多实体特征工具，本项目会介绍其中一些常用实体特征工具的使用方法。

项目四　智能充电器实体建模

一、设计特征

1. 拉伸

通过拉伸命令，可以将所选对象（在创建特征时将其称为截面对象）沿指定的方向进行延伸，以生成实体或片体。进行拉伸操作的对象可以是曲线、边、面或草图等，拉伸命令如图 4.1 所示。

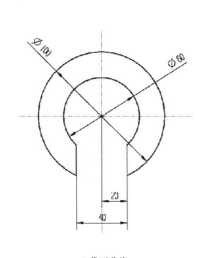

a) 截面曲线

b)【拉伸】对话框

拉伸

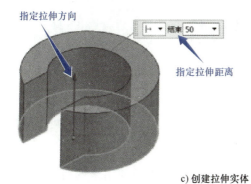

c) 创建拉伸实体

图 4.1　拉伸命令

（1）调用命令的方式

1）单击下拉菜单栏中的【菜单】→【插入】→【设计特征】→【拉伸】。

2）单击工具栏的按钮 。

3）使用快捷键 <X>。

（2）截面　在【拉伸】对话框中，可以选择【曲线】和【草图截面】两种拉伸方式。

1）曲线：当选择此种拉伸方式时，必须先在草图中绘制出拉伸对象，以便对其直接进行拉伸。

75

2)草图截面:当选择此种拉伸方式时,可根据需要在创建完成草图之后切换至拉伸操作,此时即可进行相应的拉伸操作。

(3)方向 可以采用自动判断的矢量或其他方式定义的矢量,也可以根据实际设计情况单击矢量对话框按钮来定义矢量。如果在【拉伸】对话框的【方向】选项卡中单击【反向】按钮,则可以更改矢量方向。

(4)限制 在【限制】选项卡中可以设置拉伸限制的方式及参数值,其【起始】和【终止】下拉列表框中包括多种选项,用户可以根据实际设计情况来选定。

(5)布尔【布尔】选项卡用于设置操作所创建的实体与原有实体之间的布尔运算关系,系统提供了多种运算选项。

(6)拔模 在【拔模】选项卡中可以设置在拉伸时进行拔模处理,可供选择的拔模选项有多种。拔模角度参数可以为正,也可以为负,如图4.2所示。

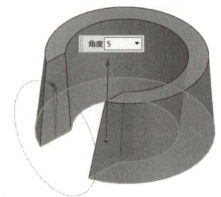

图4.2 拔模

(7)偏置 在【偏置】选项卡中可以定义拉伸偏置选项及相应的参数,以获得特定的拉伸效果,如图4.3所示。

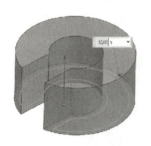  

a) 单侧偏置5mm　　　　　b) 双侧偏置5mm　　　　　c) 对称偏置5mm

图4.3 偏置

(8)设置 将【体类型】设置为实体,则封闭的截面曲线拉伸出来的对象即为实体,反之则为片体;如果截面曲线不是封闭的,则不管设置为片体还是实体,拉伸出来的对象均为片体。

2. 旋转

旋转命令可将草图截面或曲线等二维对象绕指定的旋转轴线旋转一定的角度而形成实体模型,其在机械产品的设计中应用比较多,例如带轮、法兰盘和轴类等零件。旋转命令如图4.4所示。

【旋转】对话框中各选项卡的意义与【拉伸】对话框中对应选项卡的意义基本相同。此外,与拉伸操作对截面曲线的要求一样,旋转操作也不允许截面曲线存在自相交现象,且在旋转操作时要求截面曲线始终处于旋转轴的同一侧,如图4.5所示。

项目四 智能充电器实体建模

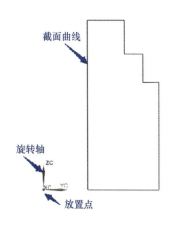

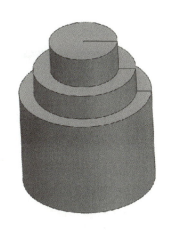

图 4.4 旋转命令

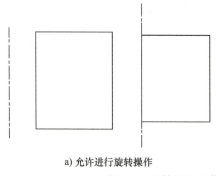

a) 允许进行旋转操作　　b) 禁止进行旋转操作

图 4.5 旋转操作对截面曲线的要求

调用命令的方式如下。

1）单击下拉菜单栏中的【菜单】→【插入】→【设计特征】→【旋转】。

2）单击工具栏的按钮  。

3. 块

利用块命令可以在指定的位置创建一个自定义大小的长方体，【块】对话框如图 4.6 所示，在该对话框的类型下拉列表框提供了三种创建长方体的选项。

（1）调用命令的方式

1）单击下拉菜单栏中的【菜单】→【插入】→【设计特征】→【块】。

2）单击工具栏的按钮 ▢ 。

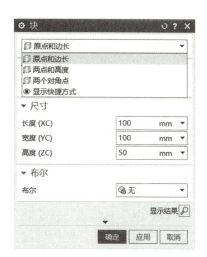

图 4.6 【块】对话框

（2）原点和边长　在【块】对话框中选择"原点和边长"选项，指定长方体的原点（可以通过捕捉或输入坐标点），然后输入长度"100"、宽度"100"、高度"70",如图 4.7 所示。

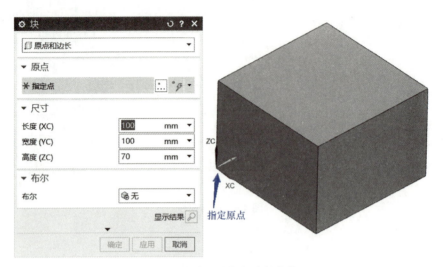

图 4.7　原点和边长创建长方体

（3）两点和高度　在【块】对话框中选择"两点和高度"选项,选取现有长方体中的一个顶点为长方体的一个对角点 A,选取上表面一条边的中点为另一对角点 B,并输入长方体的高度"30",完成创建,如图 4.8 所示。

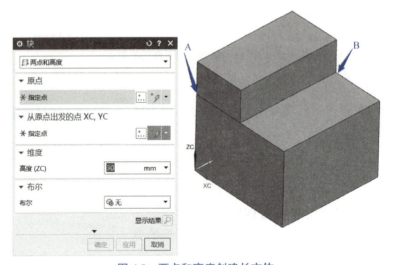

图 4.8　两点和高度创建长方体

（4）两个对角点　在【块】对话框中选择"两个对角点"选项,选取一个长方体的端点为一个对角点 C,然后选取另一个长方体的边的中点为另一对角点 D,单击【确定】按钮,完成创建,如图 4.9 所示。

4. 圆柱

在三维空间中,圆柱可以看作是以长方形的一条边作为中心轴线,绕其旋转 360° 形成的实体。如图4.10所示,在【圆柱】对话框的类型下拉列表框中提供了两种创建圆柱的选项。

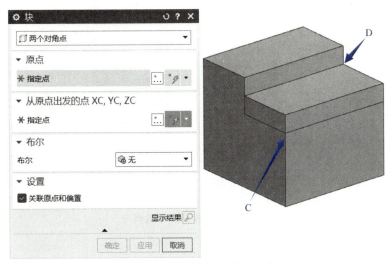

图4.9 两个对角点创建长方体

(1)调用命令的方式

1)单击下拉菜单栏中的【菜单】→【插入】→【设计特征】→【圆柱】。

2)单击工具栏的按钮 🗇 圆柱 。

(2)轴、直径和高度 通过确定圆柱中心轴线的方向和位置,以及底面直径和高度来创建圆柱,如图4.11所示。

图4.10 【圆柱】对话框

图4.11 轴、直径和高度创建圆柱

(3)圆弧和高度 选择该选项后,在绘图区选择一段先前创建好的圆弧或圆,再在对话框的【高度】文本框中输入圆柱的高度值即可,如图4.12所示。

图 4.12 圆弧和高度创建圆柱

5. 圆锥

在三维空间中,圆锥可以认为是以一条直线为中心轴线,同时以一条与直线成一定角度的线段为母线,将母线绕中心轴线旋转 360° 形成的实体。【圆锥】对话框如图 4.13 所示,在该对话框的类型下拉列表框中提供了 5 种创建圆锥的方式。

(1) 调用命令的方式

1) 单击下拉菜单栏中的【菜单】→【插入】→【设计特征】→【圆锥】。

2) 单击工具栏的按钮 圆锥 。

(2) 直径和高度　打开【圆锥】对话框,选择"直径和高度"选项,【指定矢量】为"+Z 轴",【指定点】为"原点"(可以通过捕捉或输入坐标值),然后在【尺寸】选项卡中输入底部直径"50"、顶部直径"0"、高度"25",如图 4.14 所示。

图 4.13 【圆锥】对话框

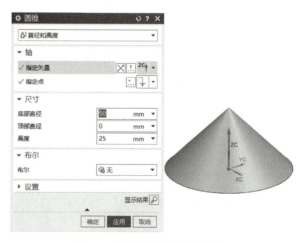

图 4.14 直径和高度创建圆锥

（3）直径和半角　该选项通过指定圆锥的中心轴线、底面中心点、底部直径、顶部直径和半角角度创建圆锥。

（4）底部直径，高度和半角　该选项通过指定圆锥的中心轴线、底面中心点、底部直径、高度和半角角度创建圆锥。

（5）顶部直径，高度和半角　该选项通过指定圆锥的中心轴线、底面中心点、顶部直径、高度和半角角度创建圆锥。

（6）两个共轴的圆弧　该选项通过选取两条不在同一平面上但同轴心的圆弧来创建圆台（两条圆弧所在的平面可以不平行），如图 4.15 所示。

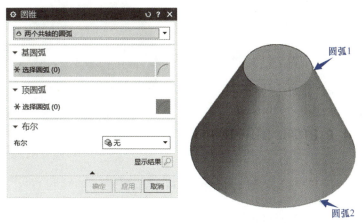

图 4.15　两个共轴的圆弧创建圆台

6. 球

球是三维空间中到指定点的距离相同的所有点的集合形成的实体。【球】对话框如图 4.16 所示，在该对话框的类型下拉列表框中提供了两种创建球的选项。

图 4.16　【球】对话框

(1) 调用命令的方式

1) 单击下拉菜单栏中的【菜单】→【插入】→【设计特征】→【球】。

2) 单击工具栏的按钮 ◯ 球 。

(2) 中心点和直径　打开【球】对话框,选择"中心点和直径"选项,【指定点】为"原点"(可以通过捕捉或输入坐标值),在【直径】文本框中输入"30",如图4.17所示。

图 4.17　中心点和直径创建球

(3) 圆弧　打开【球】对话框,选择"圆弧"选项,在【选择圆弧】处选择已知的圆弧,如图4.18所示。

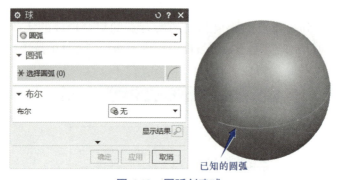

图 4.18　圆弧创建球

7. 孔

孔主要指的是圆柱形的内表面,也包括非圆柱形的内表面(由两个平行平面或切面形成的包容面),而孔的特征是指在实体模型中去除圆柱、圆锥或同时存在的两种特征之后的实体特征,系统提供了6种孔类型。【孔】对话框如图4.19所示。

(1) 调用命令的方式

1) 单击下拉菜单栏中的【菜单】→【插入】→【设计特征】→【孔】。

2) 单击工具栏的按钮 。

图 4.19 【孔】对话框

（2）简单孔　打开【孔】对话框，选择"简单"选项，在【指定点】处单击绘制截面按钮，进入草图绘制状态，绘制点（该点为孔的圆心），也可以通过捕捉的方式来指定孔的圆心，【孔径】为 20，【孔深】为 40，【顶锥角】为 0°，【布尔】为"减去"，如图 4.20 所示。

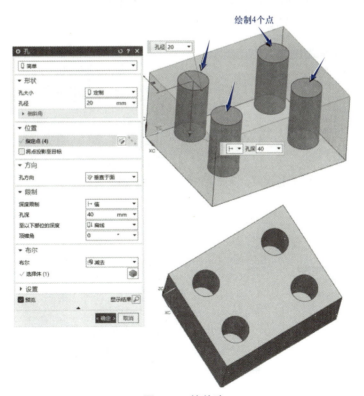

图 4.20　简单孔

（3）沉头孔　沉头孔是指将紧固件的头部完全沉入的阶梯孔，沉头孔的创建方法与简单孔一样，但其尺寸参数有一些区别，如图 4.21 所示。

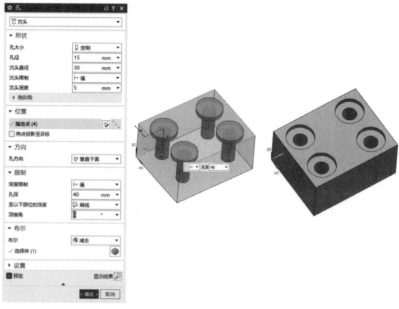

图 4.21　沉头孔

（4）埋头孔　埋头孔是指将紧固件的头部不完全沉入的阶梯孔，其创建方法与简单孔一样，但尺寸参数有一些区别，如图 4.22 所示。

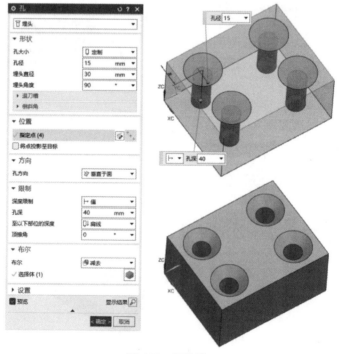

图 4.22　埋头孔

（5）锥孔 锥孔与简单孔相似，所不同的是锥孔可将孔的内表面进行拔模，如图 4.23 所示。

图 4.23 锥孔

8. 螺纹

螺纹是指在旋转实体表面上创建的沿螺旋线形成的具有相同剖面的连续凸起或凹槽特征，在圆柱外表面上形成的螺纹称为"外螺纹"；在圆柱内表面上形成的螺纹称为"内螺纹"。系统提供了两种螺纹类型，【螺纹】对话框如图 4.24 所示。

（1）调用命令的方式

1）单击下拉菜单栏中的【菜单】→【插入】→【设计特征】→【螺纹】。

2）单击工具栏的按钮 螺纹。

（2）符号 详细螺纹的几何形状较复杂，创建和更新需要较长的时间。因此，当不需要太多细节时，可以创建符号螺纹。打开【螺纹】对话框选择"符号"，在绘图区选取要创建螺纹的圆柱面，然后设置相应的参数值即可创建符号螺纹，创建的符号螺纹是以虚线圆的形式显示的，如图 4.25 所示。

（3）详细 打开【螺纹】对话框，选择"详细"，然后在绘图区选取要创建螺纹的圆柱面，再在【螺纹】对话框中设置螺纹的相应参数，最后在对话框的【旋向】选项卡

图 4.24 【螺纹】对话框

中选择一种螺纹的旋转方式，单击【确定】按钮即可创建详细螺纹，如图 4.26 所示。

a) 创建符号螺纹

b) 外螺纹

c) 内螺纹

图 4.25　符号螺纹

a) 创建详细螺纹

b) 外螺纹

c) 内螺纹

图 4.26　详细螺纹

二、基准特征

1. 基准平面

在创建模型的过程中,经常会使用到基准平面,如执行【拆分体】命令时,就需要指定一个基准平面。基准平面分为相对基准平面和固定基准平面,其如图4.27所示。

基准平面

图 4.27 基准平面对话框

(1)调用命令的方式

1)单击下拉菜单栏中的【菜单】→【插入】→【基准】→【基准平面】。

2)单击工具栏的按钮 。

(2)按某一距离 通过指定与选定平面/基准平面的偏置距离来创建基准平面,如图4.28所示。

图 4.28 按某一距离创建基准平面

(3)成一角度　创建与指定平面/基准平面成一定角度的基准平面，如图 4.29 所示。

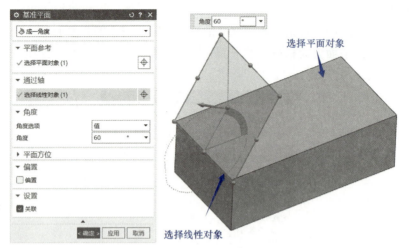

图 4.29　成一角度创建基准平面

(4)二等分　在两个选定的平面或平面的中间位置创建基准平面，如果两个选定的平面互相成一角度，则以平分角度放置基准平面，如图 4.30 所示。

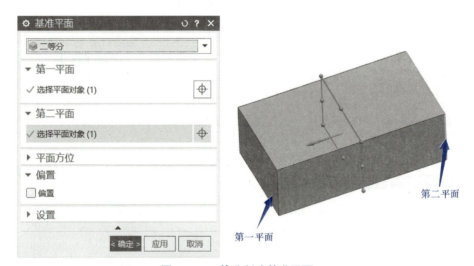

图 4.30　二等分创建基准平面

(5)两直线　使用任意两条直线、线性边或基准轴的组合来创建基准平面，如图 4.31 所示。

(6)点和方向　根据指定点和指定方向创建基准平面，如图 4.32 所示。

(7)YC-ZC、XC-ZC、XC-YC 平面　沿工作坐标系（WCS）或绝对坐标系（ABS）的 YC-ZC、XC-ZC、XC-YC 轴创建基准平面，如图 4.33 所示。

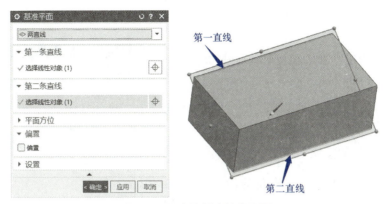

图 4.31　两直线创建基准平面

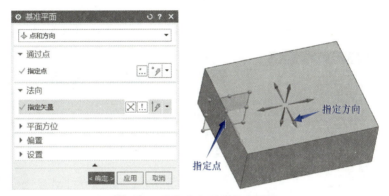

图 4.32　点和方向创建基准平面

图 4.33　YC-ZC 平面创建基准平面

2. 基准坐标系

（1）调用命令的方式

1）单击下拉菜单栏中的【菜单】→【插入】→【基准】→【基准坐标系】。

2）单击工具栏的按钮 基准坐标系 。

（2）【基准坐标系】对话框　该对话框提供了多种建立基准坐标系的方法，如"自动判断""原点，X点，Y点""三平面""X轴，Y轴，原点"等，如图4.34所示。

3. 基准轴

基准轴分为固定基准轴和相对基准轴两种。

（1）调用命令的方式

1）单击下拉菜单栏中的【菜单】→【插入】→【基准】→【基准轴】。

2）单击工具栏的按钮

（2）固定基准轴　固定基准轴没有任何参考，它由工作坐标系产生，不受其他对象约束，如图4.35所示。在【基准轴】对话框中选择一个类型，则程序自动在坐标系原点生成基准轴，如图4.36所示。

图4.34 【基准坐标系】对话框

图4.35 固定基准轴

图4.36 选择类型（ZC轴）并生成基准轴

（3）相对基准轴　相对基准轴与模型中的其他对象（如直线、平面等）关联，并受其关联对象的相对约束，如图4.37所示。它的创建只需要在模型上选择一个大致的位置即可，程序会自动判别出轴的方向，并生成基准轴的预览效果，如图4.38所示。

图4.37 相对基准轴

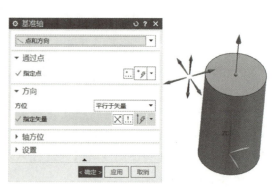

图4.38 生成基准轴

三、布尔运算

1. 合并

合并是指将两个或多个视图变为单个实体,也可以认为是将多个实体特征叠加变成一个独立的特征,【合并】对话框,如图 4.39 所示。

图 4.39 【合并】对话框

布尔运算

(1) 调用命令的方式

1) 单击下拉菜单栏中的【菜单】→【插入】→【组合】→【合并】。

2) 单击工具栏的按钮 。

(2) 合并操作　单击合并按钮 ,在绘图区选取大圆柱为目标体,选取小圆柱为工具体,单击【确定】按钮即可完成合并操作,如图 4.40 所示。

图 4.40　合并操作

(3) 合并操作的设置　依次选取目标体和工具体,单击【确定】按钮。

在【设置】选项卡中勾选【保存目标】或【保存工具】复选按钮,会产生不同的合并效果。

1) 保存目标:在【合并】对话框勾选【保存目标】复选按钮,将不会删除之前选取的目标体特征，即备份了目标体，如图 4.41 所示。

图 4.41　保存目标合并操作

2）保存工具：勾选该复选按钮后，在进行合并操作时，将不会删除之前选取的工具体特征，即备份了工具体，如图 4.42 所示。

3）二者都不勾选：在进行合并操作时，仅会把目标体和工具体的重合部分合并为一体。

4）在进行合并操作时，目标体只能有一个，而工具体可以有多个，并且目标体和工具体必须有重合的部分才能进行合并操作。

2. 减去

减去是指从目标体中去除工具体，在去除的实体特征中不仅包括指定的工具体特征，还包括目标体与工具体重合的部分，【减去】对话框如图 4.43 所示。

图 4.42　保存工具合并操作

图 4.43　【减去】对话框

（1）调用命令的方式

1）单击下拉菜单栏中的【菜单】→【插入】→【组合】→【减去】。

2）单击工具栏的按钮　　。

（2）减去操作　单击减去按钮，在绘图区选取小圆柱为目标体，选取大圆柱为工具体，单击【确定】按钮即可完成减去操作，如图 4.44 所示。

图 4.44　减去操作

（3）减去操作的设置　在依次选取目标体和工具体后，【保存目标】和【保存工具】复选按钮是否勾选产生的效果与合并操作一样。在进行减去操作时，目标体只能有一个，而工具体可以有多个，并且目标体和工具体必须有重合的部分才能进行减去操作。

3. 求交

求交可以得到两个相交实体特征的共有部分或重合部分，【求交】对话框如图 4.45 所示。

（1）调用命令的方式

1）单击下拉菜单栏中的【菜单】→【插入】→【组合】→【求交】。

2）单击工具栏的按钮。

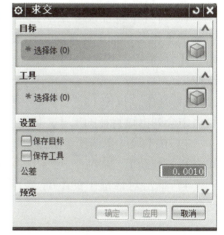

图 4.45　【求交】对话框

（2）求交操作　单击求交按钮，在绘图区选取小圆柱为目标体，选取大圆柱为工具体，单击【确定】按钮即可完成求交操作，如图 4.46 所示。

图 4.46　求交操作

(3) 求交操作设置 在依次选取目标体和工具体后,【保存目标】和【保存工具】复选按钮是否勾选产生的效果与合并、减去操作一样。在进行求交操作时,目标体与工具体必须有重合的部分才能进行求交操作。

四、编辑特征

1. 特征尺寸

特征尺寸是指通过重新定义创建特征的尺寸来编辑特征,并生成修改后的新特征尺寸。【特征尺寸】对话框如图 4.47 所示。

(1) 调用命令的方式

1) 单击下拉菜单栏中的【菜单】→【编辑】→【特征】→【特征尺寸】。

2) 单击工具栏的按钮 特征尺寸。

(2) 特征尺寸操作

1) 打开【特征尺寸】对话框,可以展开【特征】选项卡的【相关特征】选项组,并根据设计要求来决定是否勾选【添加相关特征】和【添加体中的所有特征】复选按钮。

2) 选中"拉伸 (3)"选项,则在【尺寸】选项卡的列表框中会列出该特征的尺寸,如图 4.48 所示。

3) 在【尺寸】选项卡中选中"p5"选项,并为该尺寸输入有效的新值"40"。

4) 单击对话框中的【确定】按钮,完成尺寸的编辑更新。

图 4.47 【特征尺寸】对话框

a) 打开对话框

b) 零件图样

c) 编辑特征尺寸修改结果

图 4.48 特征尺寸操作

2. 移除参数

使用移除参数功能可以从实体或片体中移除特征参数，形成非关联的体。移除特征参数后，便无法使用参数对特征进行修改，但是可以缩短模型更新的时间。【移除参数】对话框如图 4.49 所示。

图 4.49 【移除参数】对话框

移除参数

（1）调用命令的方式

1）单击下拉菜单栏中的【菜单】→【编辑】→【特征】→【移除参数】。

2）单击工具栏的按钮 移除参数。

（2）移除参数操作

1）打开【移除参数】对话框。

2）在绘图区选择移除参数的特征，然后在【移除参数】对话框中单击【确定】按钮，弹出【移除参数】警告对话框，如图 4.50 所示。

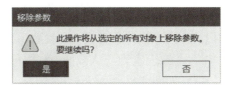

图 4.50 【移除参数】警告对话框

3）单击【是】按钮即可移除所选特征的所有参数，如图 4.51 所示。

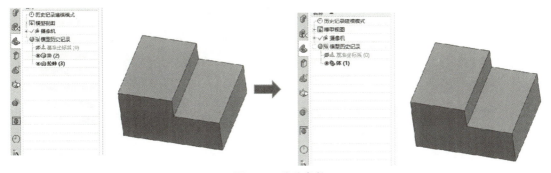

图 4.51 移除参数

【任务训练】

创建如图 4.52 所示的智能充电器三维模型，主要涉及的命令包括扫掠曲面、拉伸、边倒圆、抽壳、在任务环境中绘制草图、布尔运算和圆柱等。

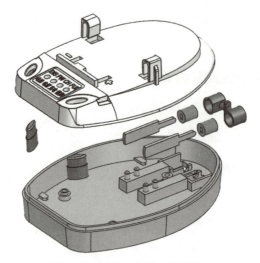

图 4.52　智能充电器三维模型

1. 充电器主体及上盖外观制作

智能充电器实体建模——
上盖外观制作（一）

1）单击工具栏中的拉伸按钮 ，打开【拉伸】对话框，选择 XC-YC 基准平面，进入草图界面。绘制拉伸草图，单击【完成草图】，进入【拉伸】对话框，设置【指定矢量】为"ZC"，【距离】为"18"，【拔模】为"从截面 - 对称角"，【角度】为 5°，【布尔】为"无"，如图 4.53 所示。

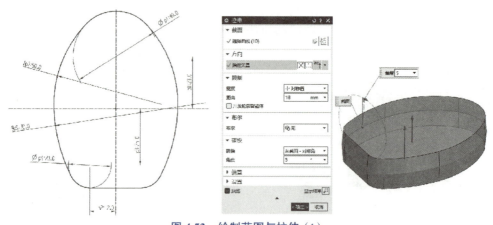

图 4.53　绘制草图与拉伸（1）

2）单击工具栏中的拆分体按钮 拆分体，打开【拆分体】对话框，【目标】为第 1) 步拉伸的实体，【工具选项】为"新建平面"，【指定平面】为"XC-YC 基准平面"，将上下盖外形拆分，单击【确定】按钮，如图 4.54 所示。

项目四　智能充电器实体建模

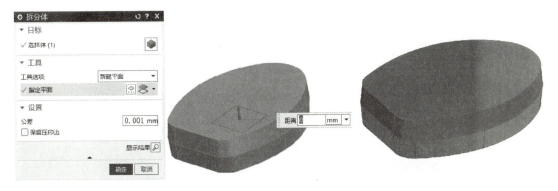

图 4.54　拆分上下盖

3）单击工具栏中的移动至图层按钮 移动至图层，将上盖移至图层 2，下盖移至图层 1，如图 4.55 所示。单击工具栏中的图层设置按钮 图层设置，将图层 2 设为工作图层，图层 1 关闭。

图 4.55　充电器主体及上盖外观图层设置

4）单击工具栏中的拉伸按钮 拉伸，打开【拉伸】对话框，选择 YC-ZC 基准平面作为草图平面。绘制拉伸草图，单击【完成草图】，进入【拉伸】对话框，设置【指定矢量】为"XC"，【距离】为"60"，【布尔】为"减去"，如图 4.56 所示。

5）单击工具栏中的拉伸按钮 拉伸，打开【拉伸】对话框，选择实体面作为草图平面，如图 4.57 所示。绘制拉伸草图（绘制 3 个点，然后以中心线为轴镜像 3 个点，并在中心线上绘制 1 个点，最后用艺术样条将 7 个点进行连接），单击【完成草图】，进入【拉伸】对话框，设置【指定矢量】为"-ZC"，【距离】为"0"，【终止】为"直至下一个"，【布尔】为"合并"。

97

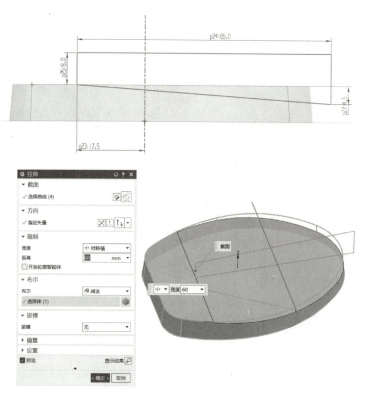

图 4.56　绘制草图与拉伸（2）

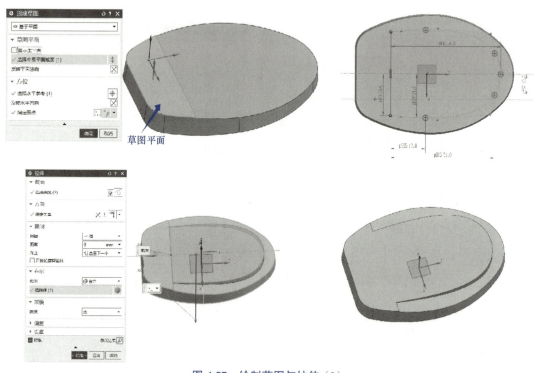

图 4.57　绘制草图与拉伸（3）

项目四　智能充电器实体建模

6）单击草图按钮 ![草图], 选择 YC-ZC 基准平面作为草图平面, 绘制一条直线, 单击【完成草图】, 如图 4.58 所示。

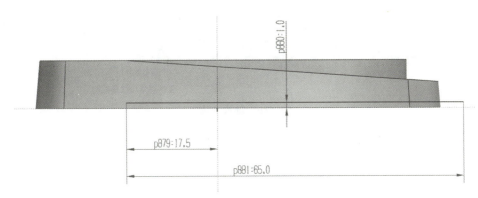

图 4.58　在草图平面绘制一条直线

7）单击工具栏中的投影曲线按钮 ![投影曲线], 选择第 6）步绘制的直线作为"要投影的曲线或点", 选择侧面为"要投影的对象",【方向】选择"沿矢量",【指定矢量】为"XC", 单击【确定】按钮, 如图 4.59 所示。

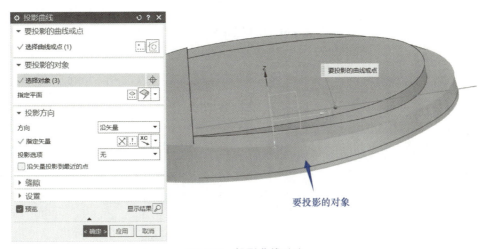

图 4.59　投影曲线（1）

8）单击工具栏中的抽取曲线按钮 ![抽取曲线], 打开【抽取曲线】对话框, 单击【边曲线】, 选择实体上边缘, 单击【确定】按钮, 如图 4.60 所示。

9）单击在任务环境中绘制草图按钮 ![草图], 选择 YC-ZC 基准平面作为草图平面, 绘制艺术样条（其起点和终点均为圆弧的中点）, 单击【完成草图】, 如图 4.61 所示。

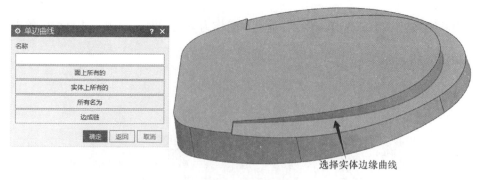

图 4.60　抽取曲线

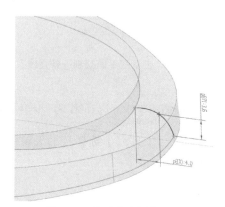

图 4.61　绘制艺术样条（1）

10）单击基准平面按钮 ，选择 XC-ZC 基准平面并偏置 –17.5mm 作为草图平面，如图 4.62 所示。单击【草图】按钮 ，选择刚创建好的基准平面作为草图绘制平面，绘制艺术样条，单击【完成草图】，如图 4.62 所示。

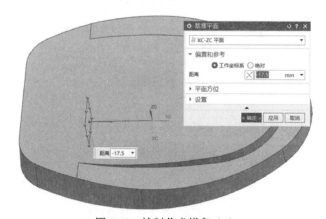

图 4.62　绘制艺术样条（2）

11）单击直线按钮 /直线 ，捕捉曲线端点，以相切方式绘制两段长为17mm的直线，如图4.63所示。

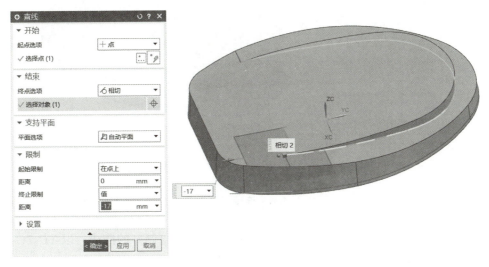

图 4.63　绘制两段长为 17mm 的直线

12）单击投影曲线按钮 ，选择底部的直线作为"要投影的曲线或点"，选择侧面为"要投影的对象"，【方向】为"沿矢量"，【指定矢量】为"-XC"，单击【确定】按钮，如图4.64所示。

图 4.64　投影曲线（2）

13）单击直线按钮 /直线 ，捕捉曲线端点，连接两段曲线，如图4.65所示。

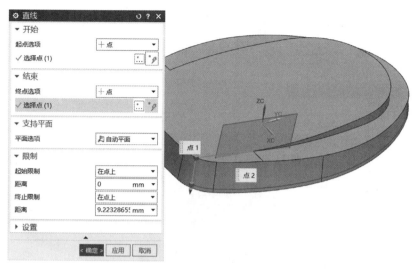

图 4.65 连接两段曲线

14）单击工具栏中的镜像曲线按钮 镜像曲线 ，选取绘制好的曲线，以 YC-ZC 平面进行镜像，如图 4.66 所示。

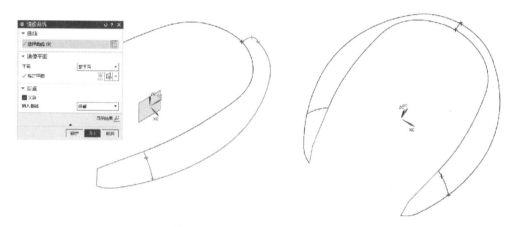

图 4.66 以 YC-ZC 平面进行镜像

15）单击工具栏中的扫掠按钮 扫掠 ，打开【扫掠】对话框，选择截面曲线及引导线，单击【确定】按钮，如图 4.67 所示。

16）单击工具栏中的加厚按钮 加厚 ，打开【加厚】对话框，选择第 15）步创建的扫掠曲面，【偏置 1】为"5"，【偏置 2】为"0"，朝外加厚，如图 4.68 所示。

17）单击工具栏中的减去按钮 减去 ，打开【减去】对话框，依次选择目标体和工具体，如图 4.69 所示。

项目四 智能充电器实体建模

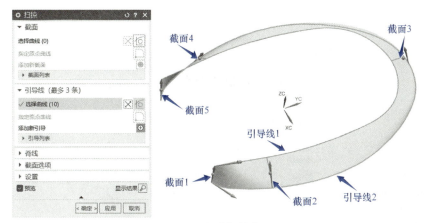

图 4.67 创建扫掠曲面

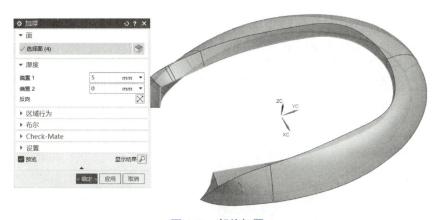

图 4.68 朝外加厚

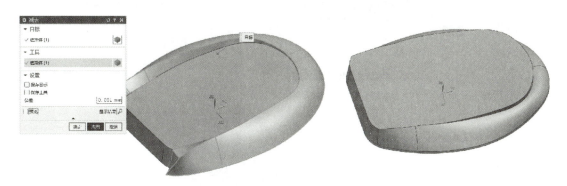

图 4.69 减去

18）单击工具栏中的边倒圆按钮 ，打开【边倒圆】对话框，选择要倒圆角的实体边，设【半径1】为"4"，如图 4.70 所示。

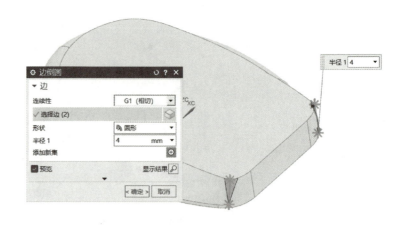

智能充电器实体建模——
上盖外观制作（二）

图 4.70　边倒圆设置

19）单击工具栏中的拉伸按钮 ，打开【拉伸】对话框，选择实体面作为草图平面。绘制拉伸草图，单击【完成草图】，进入【拉伸】对话框，设置【指定矢量】为"–ZC"，起始距离为"0"，终止距离为"2.2"，【布尔】为"减去"，如图 4.71 所示。

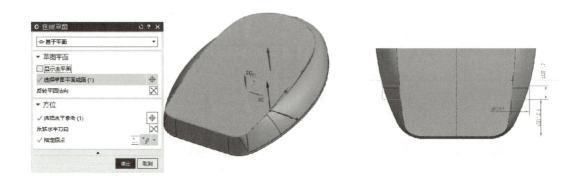

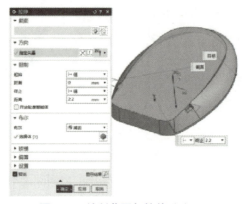

图 4.71　绘制草图与拉伸（4）

项目四　智能充电器实体建模

20）单击工具栏中的拉伸按钮，打开【拉伸】对话框，选择YC-ZC基准平面作为草图平面。绘制拉伸草图，单击【完成草图】，进入【拉伸】对话框，设置【指定矢量】为"XC"，【距离】为"25"，【布尔】为"减去"，如图4.72所示。

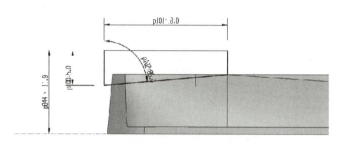

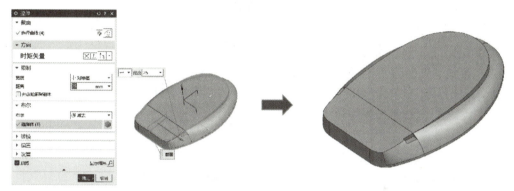

图 4.72　绘制草图与拉伸（5）

21）单击工具栏中的拉伸按钮，打开【拉伸】对话框，选择实体表面作为草图平面。绘制拉伸草图，单击【完成草图】，进入【拉伸】对话框，设置【指定矢量】为"-ZC"，起始距离为"0"，终止距离为"2.2"，【布尔】为"减去"，如图4.73所示。

图 4.73　绘制草图与拉伸（6）

2. 充电器上盖细节制作

1）单击工具栏中的抽壳按钮 抽壳，打开【抽壳】对话框，选择实体表面，【厚度】

为"2",如图 4.74 所示。

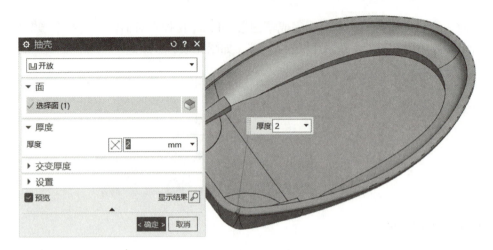

图 4.74 充电器上盖抽壳

2)单击工具栏中的边倒圆按钮 ,打开【边倒圆】对话框,选择要倒圆角的实体边,半径分别为"2""0.8""0.05""0.12",如图 4.75 所示。

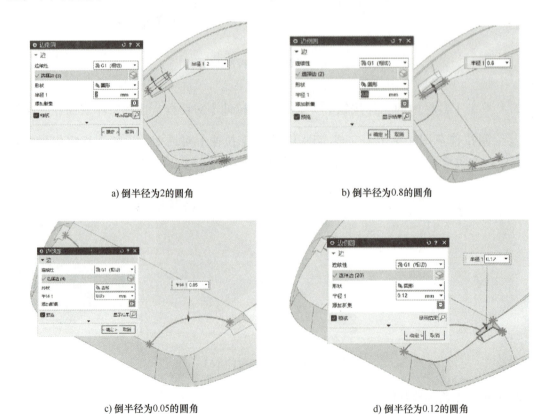

a) 倒半径为2的圆角　　　　　　　　b) 倒半径为0.8的圆角

c) 倒半径为0.05的圆角　　　　　　　d) 倒半径为0.12的圆角

图 4.75 选择要倒圆角的实体边(1)

3）单击工具栏中的拉伸按钮 ，打开【拉伸】对话框，选择 XC-YC 基准平面作为草图平面。绘制拉伸草图，单击【完成草图】，进入【拉伸】对话框，设置【指定矢量】为"ZC",【距离】为"10",【布尔】为"减去"，如图 4.76 所示。

智能充电器实体建模——
上盖外观制作（三）

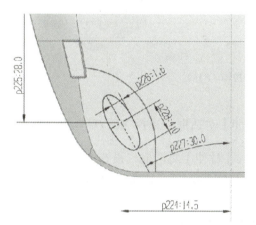 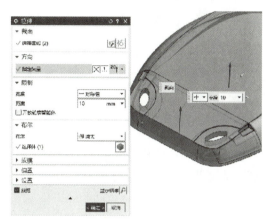

图 4.76 绘制草图与拉伸（7）

4）单击工具栏中的边倒圆按钮，打开【边倒圆】对话框，选择要倒圆角的实体边,【半径 1】为"0.25"，如图 4.77 所示。

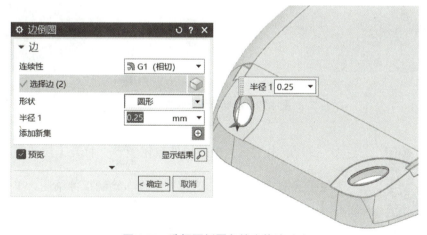

图 4.77 选择要倒圆角的实体边（2）

5）单击工具栏中的拉伸按钮，打开【拉伸】对话框，选择实体表面作为草图平面。绘制拉伸草图，单击【完成草图】，进入【拉伸】对话框，设置【指定矢量】为"ZC"，终止距离为"3",【布尔】为"合并"，如图 4.78 所示。

107

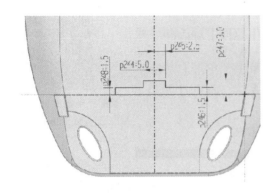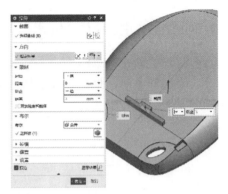

图 4.78 绘制草图与拉伸（8）

6）单击工具栏中的拉伸按钮 , 打开【拉伸】对话框，选择 XC-YC 基准平面作为草图平面。绘制拉伸草图，单击【完成草图】，进入【拉伸】对话框，设置【指定矢量】为"ZC"，起始距离为"0"，终止距离为"11"，【布尔】为"减去"，如图 4.79 所示。

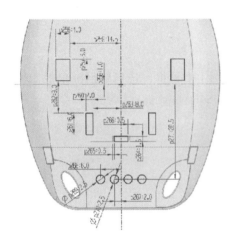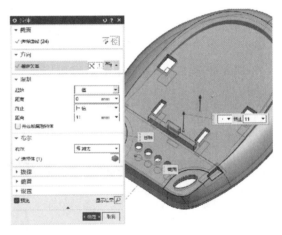

图 4.79 绘制草图与拉伸（9）

智能充电器实体建模——
上盖外观制作（四）

7）单击工具栏中的拉伸按钮 , 打开【拉伸】对话框，选择中点创建基准平面作为草图平面。绘制拉伸草图，单击【完成草图】，进入【拉伸】对话框，设置【指定矢量】为"YC"，【距离】为"2.75"，【布尔】为"合并"，如图 4.80 所示。

8）单击工具栏中的拉伸按钮 , 打开【拉伸】对话框，选择实体表面作为草图平面。绘制拉伸草图，单击【完成草图】，进入【拉伸】对话框，设置【指定矢量】为"ZC"，【起始】为"直至下一个"，终止距离为"6"，【布尔】为"合并"，如图 4.81 所示。

项目四 智能充电器实体建模

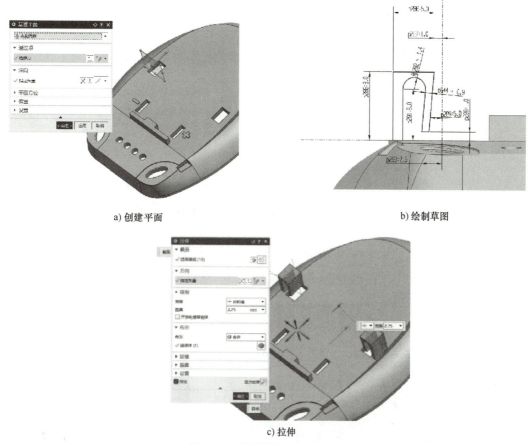

a) 创建平面　　　　　　　　　　　　b) 绘制草图

c) 拉伸

图 4.80　绘制草图与拉伸（10）

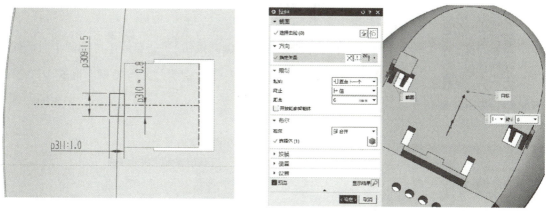

图 4.81　绘制草图与拉伸（11）

9）单击工具栏中的倒斜角按钮 ，打开【倒斜角】对话框，选择相关实体边缘进行倒斜角，如图 4.82 所示。

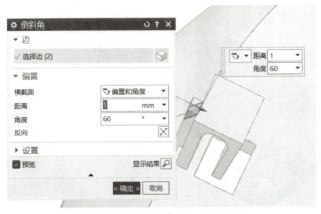

图 4.82　选择相关实体边缘进行倒斜角

10）单击工具栏中的拔模按钮 ![拔模]，打开【拔模】对话框，选择"面"，然后选择实体边缘作为脱模方向，指定固定面，【角度1】为1°，如图4.83所示。

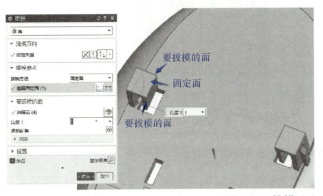

图 4.83　拔模（1）

智能充电器实体建模——
上盖外观制作（五）

11）单击工具栏中的边倒圆按钮 ![边倒圆]，打开【边倒圆】对话框，选择要倒圆角的实体边，半径分别为"2""0.5""1.5""0.2"，如图4.84所示。

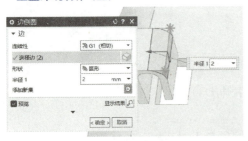

a) 倒半径为2的圆角　　　　　　　b) 倒半径为0.5的圆角

图 4.84　选择要倒圆角的实体边（3）

c) 倒半径为1.5的圆角　　　　　　　d) 倒半径为0.2的圆角

图 4.84　选择要倒圆角的实体边（3）（续）

12）单击工具栏中的拉伸按钮 ，打开【拉伸】对话框，选择实体表面作为草图平面。绘制拉伸草图，单击【完成草图】，进入【拉伸】对话框，设置【指定矢量】为"ZC"，起始距离为"0"，终止距离为"0.2"，【布尔】为"合并"，如图 4.85 所示。

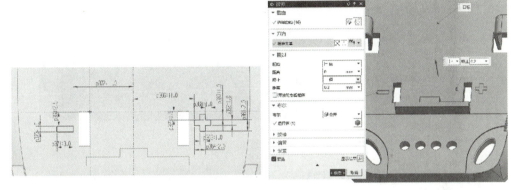

图 4.85　绘制草图与拉伸（12）

13）单击工具栏中的拉伸按钮 ，打开【拉伸】对话框，选择实体表面作为草图平面。绘制拉伸草图，单击【完成草图】，进入【拉伸】对话框，设置【指定矢量】为"-ZC"，起始距离为"0"，终止距离为"0.2"，【布尔】为"减去"，如图 4.86 所示。

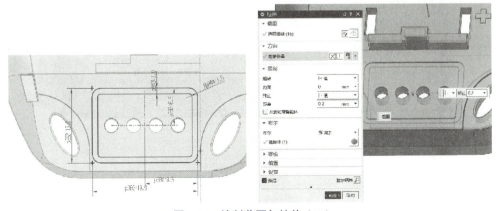

图 4.86　绘制草图与拉伸（13）

智能充电器实体建模——
上盖外观制作（六）

14）单击工具栏中的文本按钮 ，打开【文本】对话框，选择"在面上"，单击【确定】按钮，相关参数设置如图 4.87 所示。

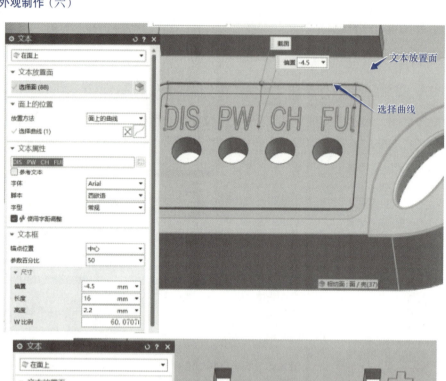

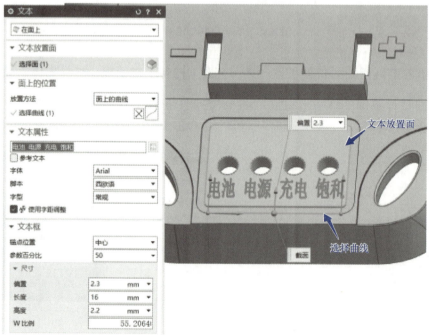

图 4.87　放置文本

15）单击工具栏中的拉伸按钮 ![拉伸]，打开【拉伸】对话框，选择第14）步绘制的文本，设置【指定矢量】为"–ZC"，起始距离为"0"，终止距离为"0.1"，【布尔】为"减去"，如图4.88所示。

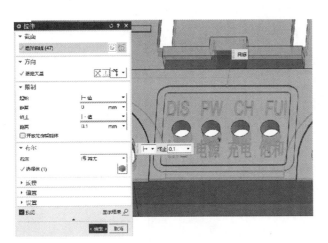
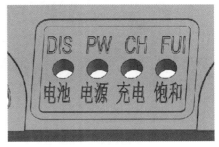

图 4.88　拉伸文本

16）单击工具栏中的拉伸按钮 ![拉伸]，打开【拉伸】对话框，选择实体内部边缘，设置【指定矢量】为"ZC"，起始距离为"0"，终止距离为"1.5"，【布尔】为"减去"，【拔模】为"从起始限制"，【角度】为1°，【偏置】为"对称"，【结束】为"1"，如图4.89所示。

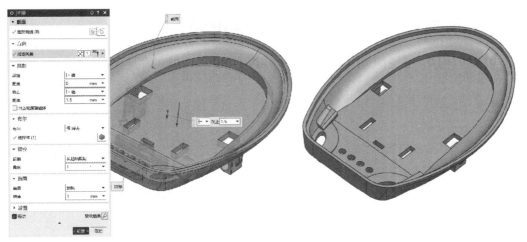

图 4.89　拉伸（1）

17）单击工具栏中的拉伸按钮 ![拉伸]，打开【拉伸】对话框，选择XC-YC基准平面偏置"–5"作为草图平面。绘制拉伸草图，单击【完成草图】，进入【拉伸】对话框，设置【指定矢量】为"ZC",起始距离为"0",【终止】为"直至下一个",【布尔】为"合并",【拔模】为"从起始限制",【角度】为 -1°,如图 4.90 所示。

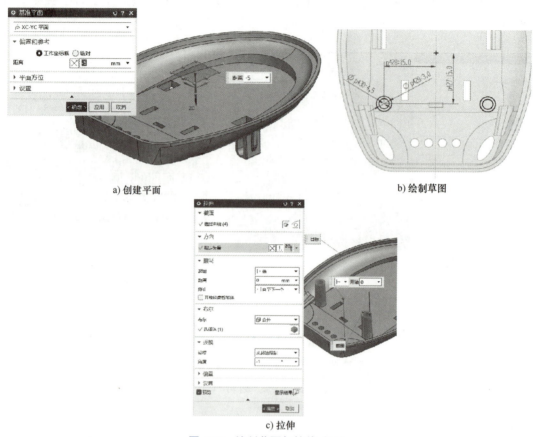

a) 创建平面　　　　　　b) 绘制草图

c) 拉伸

图 4.90　绘制草图与拉伸（14）

18）将充电器上盖的颜色更改成白色，如图 4.91 所示。

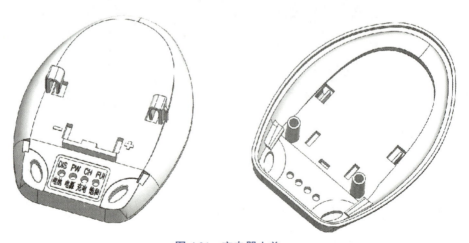

图 4.91　充电器上盖

3. 充电器下盖制作

1）单击工具栏中的图层设置按钮 图层设置，打开【图层设置】对话框，双击图层"1"作为工作图层（充电器下盖），把图层"2"关闭，单击【确定】按钮，如图 4.92 所示。

图 4.92 充电器下盖图层设置

2）单击工具栏中的抽壳按钮 抽壳，打开【抽壳】对话框，选择实体表面进行抽壳，【厚度】为"2"，如图 4.93 所示。

图 4.93 充电器下盖抽壳

3）单击工具栏中的拉伸按钮 拉伸，打开【拉伸】对话框，选择实体内表面作为草图平面。绘制拉伸草图,单击【完成草图】,进入【拉伸】对话框,设置【指定矢量】为"ZC",起始距离为"0",终止距离为"2",【布尔】为"合并",如图4.94所示。

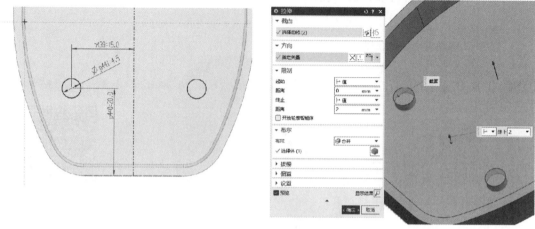

图 4.94　绘制草图与拉伸(15)

4)单击工具栏中的圆柱按钮 圆柱 ,打开【圆柱】对话框,【指定矢量】为"ZC",【直径】为"3",【高度】为"1",【布尔】为"合并",用同样的方法绘制右边的圆柱,如图4.95所示。

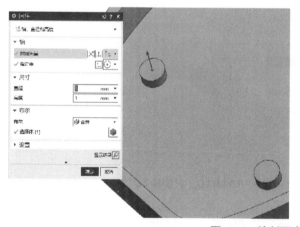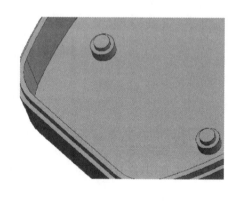

图 4.95　绘制两个圆柱

5)单击工具栏中的圆柱按钮 圆柱 ,打开【圆柱】对话框,【指定矢量】为"-ZC",【直径】为"2",【高度】为"5",【布尔】为"减去",用同样的方法绘制右边的孔,如图4.96所示。

6)单击工具栏中的倒斜角按钮 倒斜角 ,打开【倒斜角】对话框,选择孔边缘进行倒斜角,如图4.97所示。

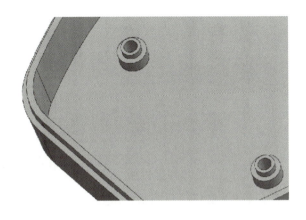

图 4.96　绘制两个孔

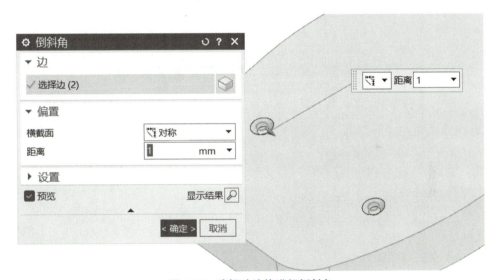

图 4.97　选择孔边缘进行倒斜角

7）单击工具栏中的拉伸按钮，打开【拉伸】对话框，选择实体内表面作为草图平面。绘制拉伸草图，单击【完成草图】，进入【拉伸】对话框，设置【指定矢量】为"ZC"，起始距离为"0"，终止距离为"1"，【布尔】为"合并"，如图 4.98 所示。

8）单击工具栏中的拉伸按钮，打开【拉伸】对话框，选择实体内表面作为草图平面。绘制拉伸草图，单击【完成草图】，进入【拉伸】对话框，设置【指定矢量】为"ZC"，起始距离为

智能充电器实体建模——
下盖外观制作（二）

"0",终止距离为"4.5",【布尔】为"合并",如图4.99所示。

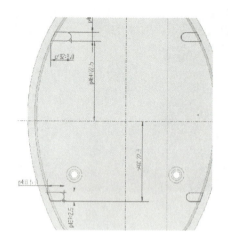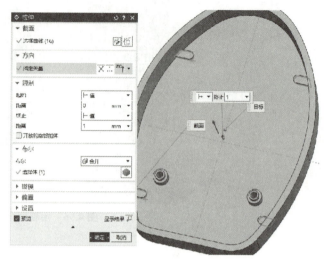

图 4.98　绘制草图与拉伸（16）

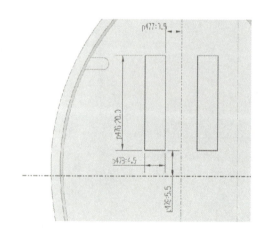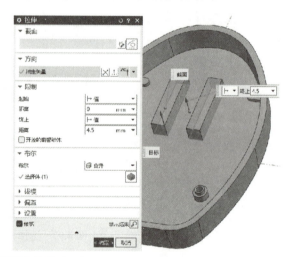

图 4.99　绘制草图与拉伸（17）

9）单击工具栏中的拉伸按钮 ，打开【拉伸】对话框，选择实体内表面作为草图平面。绘制拉伸草图，单击【完成草图】，进入【拉伸】对话框，设置【指定矢量】为"ZC"，起始距离为"0"，终止距离为"3.5"，【布尔】为"合并"，如图4.100所示。

10）单击工具栏中的拉伸按钮 ，打开【拉伸】对话框，选择实体内表面作为草图平面。绘制拉伸草图，单击【完成草图】，进入【拉伸】对话框，设置【指定矢量】为"ZC"，起始距离为"0"，终止距离为"2.5"，【布尔】为"合并"，如图4.101所示。

项目四 智能充电器实体建模

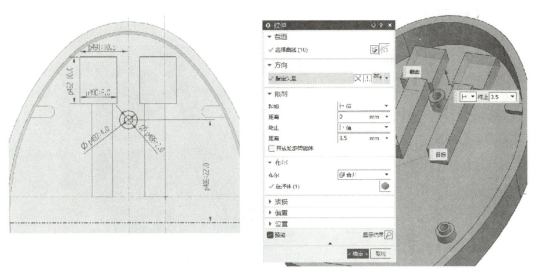

图 4.100　绘制草图与拉伸（18）

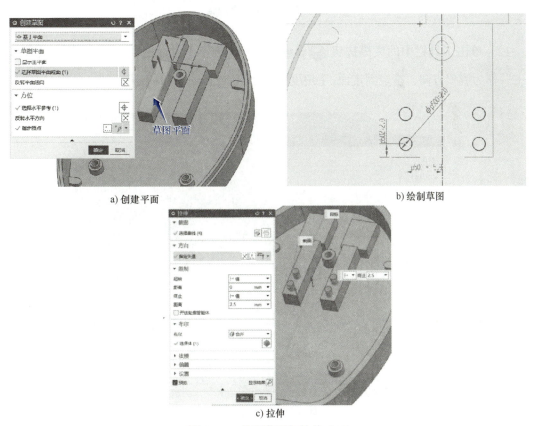

a) 创建平面　　　　　　　　　　　　b) 绘制草图

c) 拉伸

图 4.101　绘制草图与拉伸（19）

11）单击工具栏中的圆锥按钮 ，打开【圆锥】对话框,【指定矢量】为"ZC"，选择圆柱表面的圆心，设置相关参数，依次绘制 4 个圆锥，如图 4.102 所示。

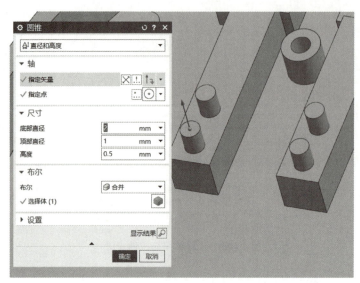

图 4.102　绘制 4 个圆锥

12）单击工具栏中的拔模按钮 拔模，打开【拔模】对话框，选择"面"，然后选择"ZC"作为脱模方向，指定固定面，【角度 1】为 1°，如图 4.103 所示。

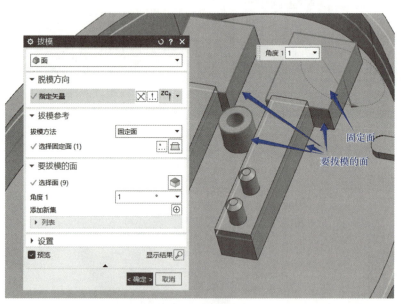

图 4.103　拔模（2）

13）单击工具栏中的拔模按钮 拔模，打开【拔模】对话框，选择"面"，然后选择

"ZC"作为脱模方向,指定固定面,【角度1】为1°,如图4.104所示。

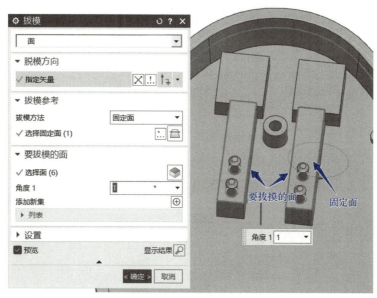

图4.104 拔模(3)

14)单击工具栏中的拉伸按钮 ,打开【拉伸】对话框,选择圆柱圆心创建基准平面作为草图平面。绘制拉伸草图,单击【完成草图】,进入【拉伸】对话框,设置【指定矢量】为"YC",【宽度】设置为"对称值",【距离】为0.25,【布尔】为"合并",如图4.105所示。

15)单击工具栏中的阵列几何特征按钮 阵列几何特征 ,打开【阵列特征】对话框,选择第14)步绘制的三角形加强肋,【布局】为"圆形",【指定矢量】为"ZC",选择【指定点】为圆筒圆心,【数量】为4,【间隔角】为90°,如图4.106所示。

a) 创建草图平面

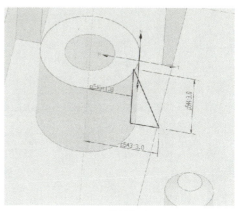

b) 绘制草图

图4.105 拉伸(20)

c) 拉伸设置

图 4.105　拉伸（20）（续）

图 4.106　阵列

16）单击工具栏中的边倒圆按钮 ，打开【边倒圆】对话框，选择相关实体边缘进行倒圆角，如图4.107所示。

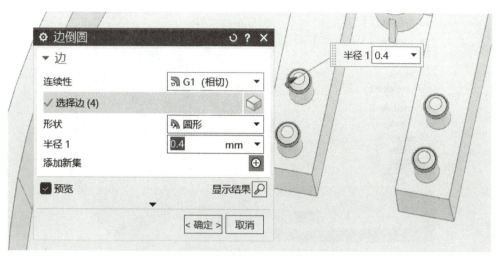

图4.107 选择相关实体边缘进行倒圆角（1）

17）单击工具栏中的拉伸按钮 ，打开【拉伸】对话框，选择实体外表面作为草图平面。绘制拉伸草图，单击【完成草图】，进入【拉伸】对话框，设置【指定矢量】为"ZC"，起始距离为"0"，终止距离为"5.5"，【布尔】为"减去"，如图4.108所示。

智能充电器实体建模——
下盖外观制作（三）

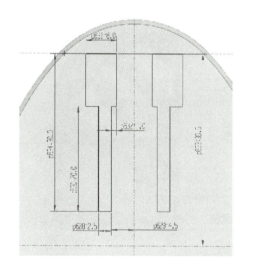
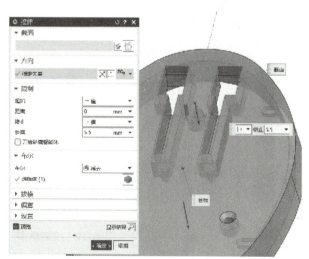

图4.108 绘制草图与拉伸（21）

18）单击工具栏中的拔模按钮 拔模，打开【拔模】对话框，选择"面"，然后选择"-ZC"作为脱模方向，选择固定面，【角度1】为1°，如图4.109所示。

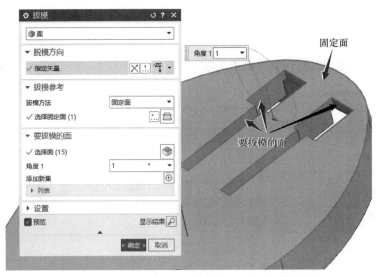

图 4.109 拔模（4）

19）单击工具栏中的拉伸按钮 ，打开【拉伸】对话框，选择实体外表面作为草图平面。绘制拉伸草图，单击【完成草图】，进入【拉伸】对话框，设置【指定矢量】为"ZC"，起始距离为"0"，终止距离为"2"，【布尔】为"减去"，如图 4.110 所示。

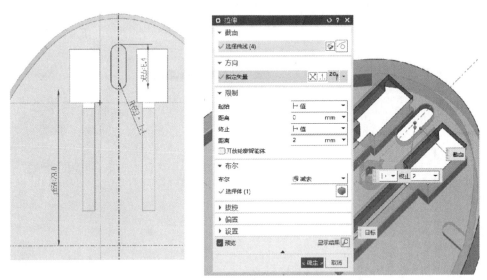

图 4.110 绘制草图与拉伸（22）

20）单击工具栏中的拉伸按钮 ，打开【拉伸】对话框，选择第 19）步绘制的 U 形槽边缘曲线，设置【指定矢量】为"ZC"，起始距离为"0"，终止距离为"0.5"，【布尔】为"减去"，【偏置】为"单侧"，【结束】为 0.5，如图 4.111 所示。

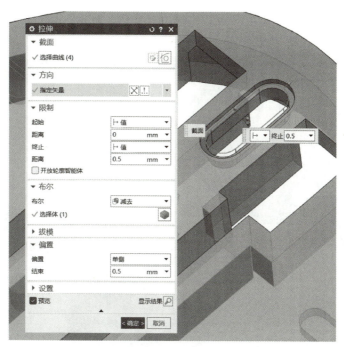

图 4.111 拉伸（2）

21）单击工具栏中的边倒圆按钮 ，打开【边倒圆】对话框，选择相关实体边缘进行倒圆角，如图 4.112 所示。

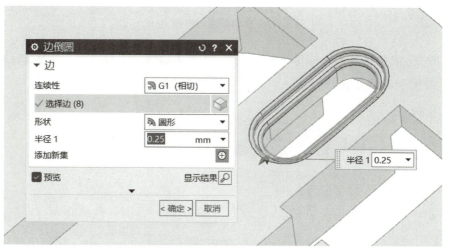

图 4.112 选择相关实体边缘进行倒圆角（2）

22）单击工具栏中的拉伸按钮 ，打开【拉伸】对话框，选择实体内侧面作为草图平面。绘制拉伸草图，单击【完成草图】，进入【拉伸】对话框，设置【指定矢量】为

"-XC",起始距离为"0",终止距离为"8",【布尔】为"减去",如图4.113所示。

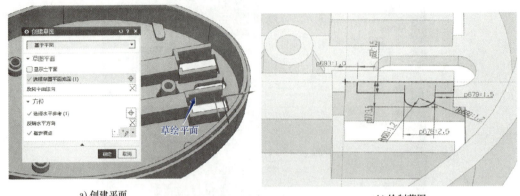

a) 创建平面　　　　　　　　　　　　b) 绘制草图

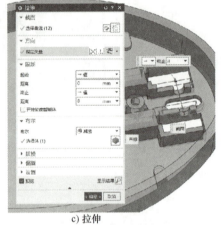

c) 拉伸

图 4.113　绘制草图与拉伸（23）

23）单击工具栏中的偏置面按钮 偏置面，打开【偏置面】对话框，选择实体表面,偏置距离为"1.5",如图4.114所示。

图 4.114　设置偏置面

项目四 智能充电器实体建模

24）单击工具栏中的拉伸按钮，打开【拉伸】对话框，选择实体表面边缘曲线，设置【指定矢量】为"-ZC"，起始距离为"0"，终止距离为"1.5"，【布尔】为"减去"，【拔模】为"从起始限制"，【偏置】为"两侧"，【开始】为"-1"，【结束】为"1"，如图4.115所示。

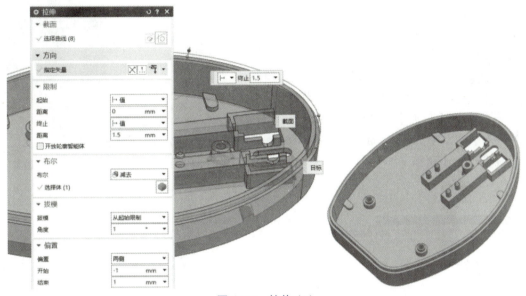

图 4.115 拉伸（3）

25）将颜色更改成蓝色，最终充电器下盖如图4.116所示。

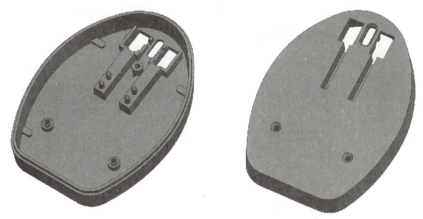

图 4.116 充电器下盖

4. 充电器插头与按钮制作

1）单击工具栏中的图层设置按钮 图层设置，打开【图层设置】对话框，输入图层"3"作为工作图层（按钮及附件），单击【确定】按钮，如图4.117所示。

127

2）单击工具栏中的基准平面按钮 ，打开【基准平面】对话框，以 XC-ZC 为基准，偏置 32.75mm 创建平面作为草图平面。绘制拉伸草图，单击【完成草图】，进入【拉伸】对话框，设置【指定矢量】为"YC"，起始距离为"-4.2"，终止距离为"1.8"，【布尔】为"无"，如图 4.118 所示。

3）单击工具栏中的拉伸按钮 ，打开【拉伸】对话框，选择实体平面作为草图平面。绘制拉伸草图，单击【完成草图】，进入【拉伸】对话框，设置【指定矢量】为"XC"，起始距离为"0"，终止距离为"7.3"，【布尔】为"无"，如图 4.119 所示。

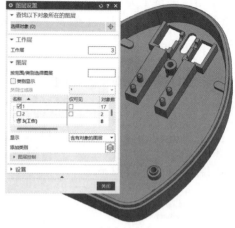

图 4.117 充电器插头与按钮图层设置

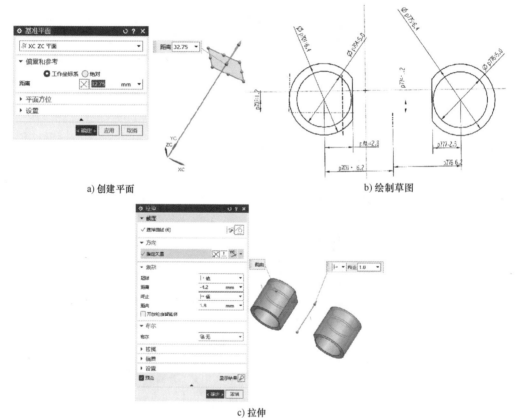

a) 创建平面　　　b) 绘制草图

c) 拉伸

图 4.118 绘制草图与拉伸（24）

4）单击工具栏中的合并按钮 ，打开【合并】对话框，选择目标体和工具体进行合并,如图 4.120 所示。

a) 创建平面   b) 绘制草图

c) 拉伸

图 4.119　绘制草图与拉伸（25）

5）单击工具栏中的拉伸按钮 ,打开【拉伸】对话框,采用"二等分"创建平面作为草图平面。绘制拉伸草图,单击【完成草图】,进入【拉伸】对话框,设置【指定矢量】为"XC",【宽度】为"对称值",【距离】为"0.5",【布尔】为"合并",如图 4.121 所示。

6）单击工具栏中的圆柱按钮 圆柱,打开【圆柱】对话框,【指定矢量】为"-YC",【直径】为"5",【高度】为"6",【布尔】为"无",用同样的方法绘制右边的圆柱,如图 4.122 所示。

图 4.120　合并

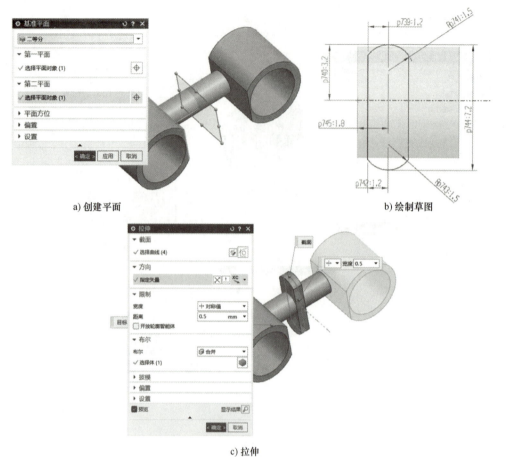

a) 创建平面　　　　　　　　　　　　　　b) 绘制草图

c) 拉伸

图 4.121　绘制草图与拉伸（26）

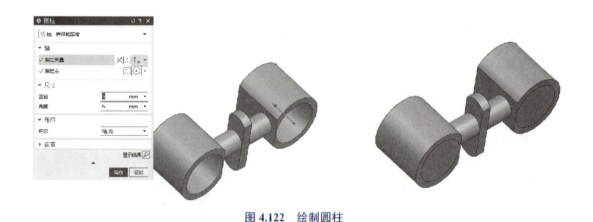

图 4.122　绘制圆柱

7）单击工具栏中的拉伸按钮 ，打开【拉伸】对话框，选择圆柱表面作为草图平面。绘制拉伸草图，单击【完成草图】，进入【拉伸】对话框，设置【指定矢量】为"YC"，起始距离为"2",终止距离为"-22",【布尔】为"无",如图 4.123 所示。

8)单击工具栏中的拉伸按钮，打开【拉伸】对话框,选择长方体表面作为草图平面。绘制拉伸草图,单击【完成草图】,进入【拉伸】对话框,设置【指定矢量】为"XC",起始距离为"2",终止距离为"-22",【布尔】为"无",如图 4.124 所示。

智能充电器实体建模——插头与按钮制作(二)

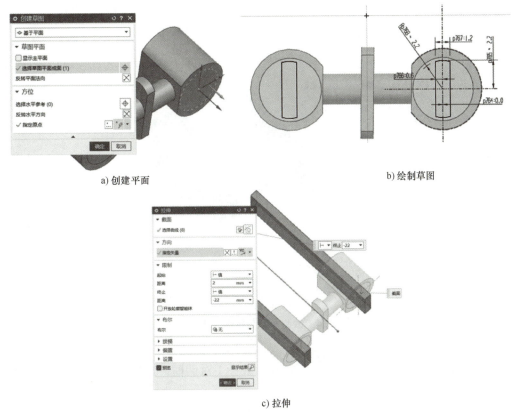

a)创建平面   b)绘制草图

c)拉伸

图 4.123 绘制草图与拉伸(27)

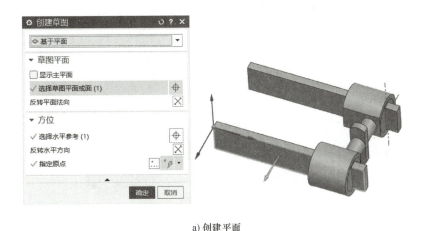

a)创建平面

图 4.124 绘制草图与拉伸(28)

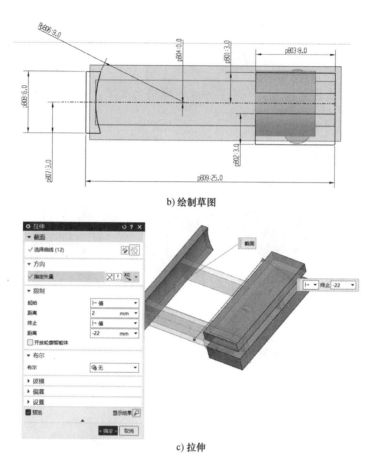

b) 绘制草图

c) 拉伸

图 4.124 绘制草图与拉伸（28）（续）

9) 单击工具栏中的减去按钮 ，打开【减去】对话框，选择相应的实体进行布尔运算，如图 4.125 所示。

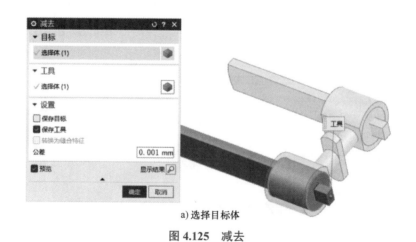

a) 选择目标体

图 4.125 减去

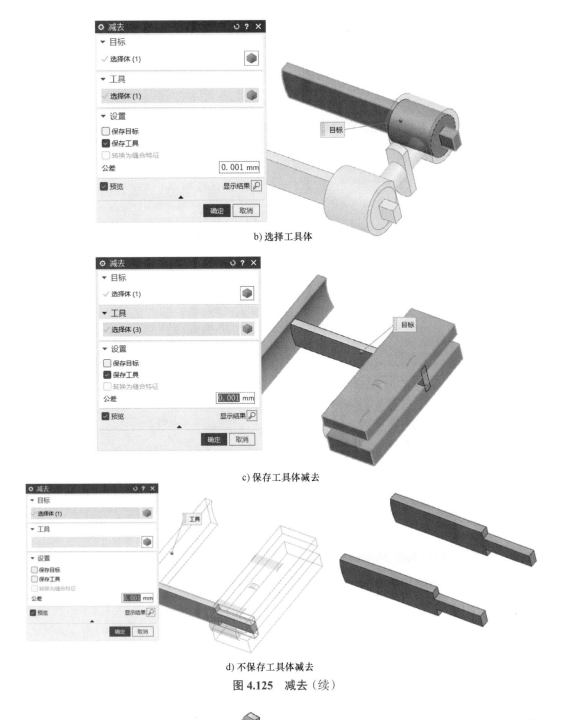

b) 选择工具体

c) 保存工具体减去

d) 不保存工具体减去

图 4.125　减去（续）

10）单击工具栏中的边倒圆按钮 ，打开【边倒圆】对话框，选择相关实体边缘进行倒圆角，【半径 1】为"1"，如图 4.126 所示。

11）显示图层"2"（上盖），单击工具栏中的拉伸按钮 ，打开【拉伸】对话框，选择 XC-YC 基准平面作为草图平面，投影椭圆曲线为拉伸草图，单击【完成草图】，进入【拉伸】对话框，设置【指定矢量】为"ZC"，起始距离为"5.3"，终止距离为"0"，【布尔】为"无"，如图 4.127 所示。

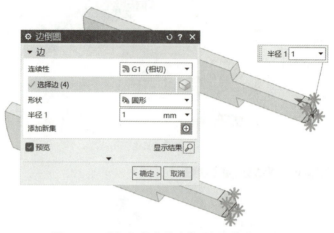

图 4.126 选择相关实体边缘进行倒圆角（3）

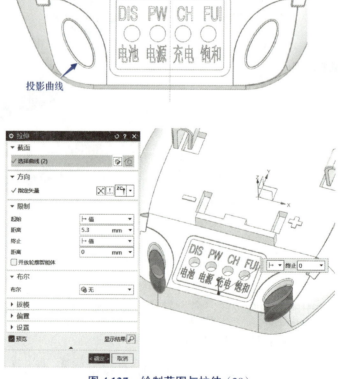

图 4.127 绘制草图与拉伸（29）

项目四　智能充电器实体建模

12）单击工具栏中的拉伸按钮，打开【拉伸】对话框，选择椭圆边缘曲线，设置【指定矢量】为"ZC"，起始距离为"4"，终止距离为"0"，【布尔】为"合并"，【偏置】为"单侧"，【结束】为"-0.3"，如图 4.128 所示。

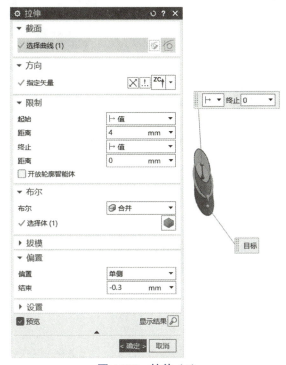

图 4.128　拉伸（4）

13）单击工具栏中的边倒圆按钮，打开【边倒圆】对话框，选择相关实体边缘进行倒圆角，【半径 1】为"0.5"，如图 4.129 所示。

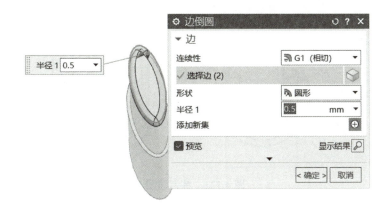

图 4.129　选择相关实体边缘进行倒圆角（4）

14）对充电器插头与按钮的颜色进行更改，最终效果如图 4.130 所示。

图 4.130 　充电器插头与按钮

【课后习题】

1. 思考题

（1）创建拉伸特征时，如何设置拉伸方向及拉伸距离？

（2）基准平面有什么作用？如何创建？

2. 练习题

用所学的命令画出图 4.131 所示图形。

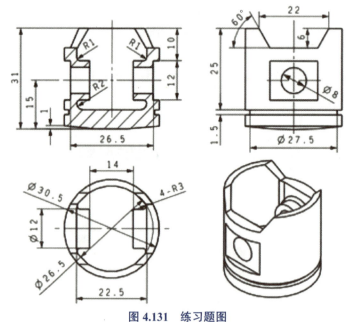

图 4.131 　练习题图

项目五

紧急智能按钮实体建模

【项目描述】

本项目主要学习实体特征的各种创建方法及相关特征的编辑方法，包括边倒圆、抽壳、抽取几何特征、修剪体、替换面等命令（有些命令默认不显示，可从【定制】或【命令查找器】里调出）的应用。

【学习目标】

● 知识目标
◎ 熟悉 UG NX 实体特征的创建方法及相关编辑方法。
◎ 掌握实体建模。

● 情感目标
◎ 提高实体建模的思维分析能力。
◎ 激发产品设计的创新思维，提高创新能力。
◎ 激发学生对建模的兴趣，主动参与，并能够表达自己的观点和想法。

【学习任务】

实体建模及编辑特征。

【知识链接】

UG NX 的"特征"工具栏及"编辑特征"工具栏中提供了许多实体特征工具，本项目主要学习其中一些常用的实体特征工具的使用方法。

一、细节特征

1. 边倒圆

边倒圆为常用的倒圆类型，它用指定的倒圆半径将实体的边缘变成圆柱面或圆锥面，系统提供了4种边倒圆方式，既可以对实体边缘进行恒定半径的倒圆角，也可以对实体边缘进行可变半径的倒圆角。【边倒边圆】对话框如图5.1所示。

（1）调用命令的方式

1）单击下拉菜单栏中的【菜单】→【插入】→【细节特征】→【边倒圆】。

2）单击工具栏的按钮 。

（2）恒定半径倒圆角 该方式沿选取的实体或片体进行倒圆角，使圆角相切于选择边的邻接面，如图5.2所示。

（3）变半径 该方式可以通过修改控制点处的半径，实现沿选择边指定多个点设置不同的半径参数，对实体或片体进行倒圆角，如图5.3所示。

边倒圆

图 5.1 【边倒圆】对话框

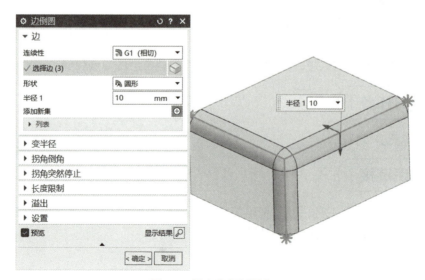

图 5.2 恒定半径倒圆角

图 5.3　可变半径倒圆角

（4）拐角倒角　该方式可在相邻三个面的交点处倒圆角，它是从零件的拐角处去除材料创建而成的，如图 5.4 所示。

（5）拐角突然停止　利用该方式可通过指定点或距离将之前创建的圆角截断，如图 5.5 所示。

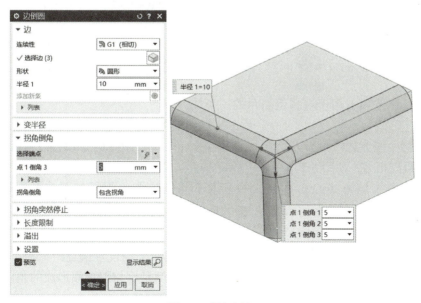

图 5.4　拐角倒角

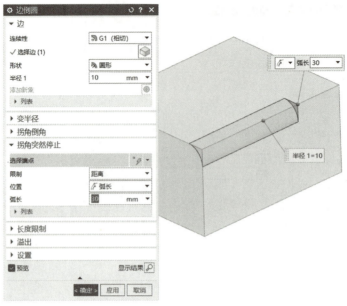

图 5.5　拐角突然停止倒圆角

2. 倒斜角

倒斜角又称为"倒角"或"去角"，是处理模型周围棱角的方法之一。当产品的边缘过于尖锐时，为避免擦伤，需要对其边缘进行倒斜角操作。倒斜角的操作方法与倒圆角极为相似，都是选取实体边缘并按照指定的尺寸进行倒角操作。倒斜角有三种方式，【倒斜角】对话框如图 5.6 所示。

（1）调用命令的方式

1）单击下拉菜单栏中的【菜单】→【插入】→【细节特征】→【倒斜角】。

2）单击工具栏的按钮 。

（2）边　该选项卡用于选择倒斜角的一条或多条边。

（3）对称　该方式可设置与倒角相邻的两个截面，二者距离相等，如图 5.7 所示。

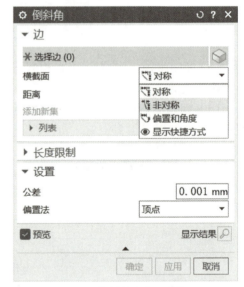

图 5.6　【倒斜角】对话框

（4）非对称　该方式与对称方式的最大不同是与倒角相邻的两个截面通过分别设置不同的偏置距离来创建倒角特征，通过反向按钮 可以改变其距离方向，如图 5.8 所示。

（5）偏置和角度　该方式是将倒角的相邻两个截面分别设置偏置距离和角度来创建倒角特征，其中偏置距离是指沿偏置面偏置的距离，角度是指与偏置面形成的角度，如图 5.9 所示。

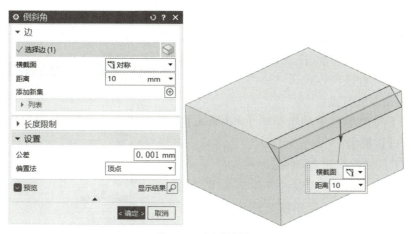

图 5.7 对称倒斜角

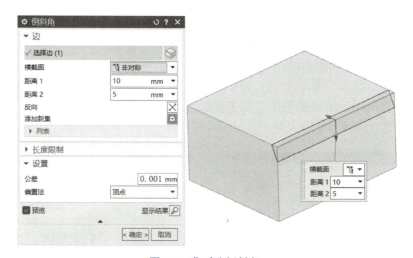

图 5.8 非对称倒斜角

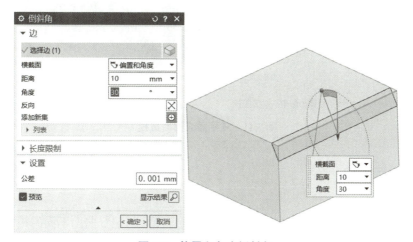

图 5.9 偏置和角度倒斜角

3. 拔模

拔模是通过指定一个拔模方向的矢量并输入一个拔模角度，使要拔模的面按照这个角度值进行向内或向外的变化。图 5.10 所示的【拔模】对话框中提供了 4 种拔模方式。

（1）调用命令的方式

1）单击下拉菜单栏中的【菜单】→【插入】→【细节特征】→【拔模】。

2）单击工具栏的按钮 拔模。

（2）面　该方式是以选取的平面为参考平面，并与指定的拔模方向成一定角度来创建拔模特征，如图 5.11 所示。

（3）边　该方式常用于从系列实体的边缘开始，与拔模方向成一系列拔模角度，对指定的实体进行拔模操作，如图 5.12 所示。

（4）与面相切　该方式适用于对相切表面拔模后仍保持相切的情况，如图 5.13 所示。

（5）分型边　该方式是沿指定的分型边缘，并与指定的拔模方向成一定拔模角度，对实体进行的拔模操作，如图 5.14 所示。

图 5.10　【拔模】对话框

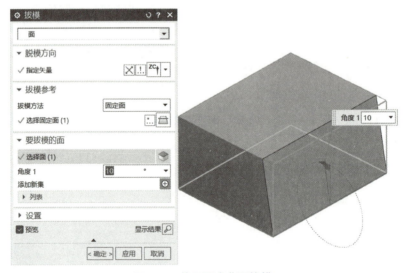

图 5.11　从平面或曲面拔模

二、偏置与缩放

1. 偏置面

偏置面命令用于在实体的表面上建立等距离偏置面。与偏置曲面不同的是，偏置面可以移动实体的表面，形成新的实体。【偏置面】对话框如图 5.15 所示。

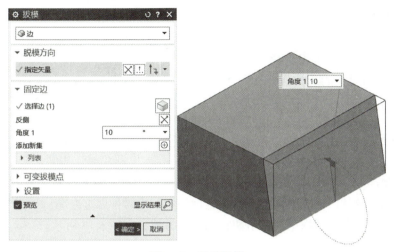

图 5.12　从边拔模

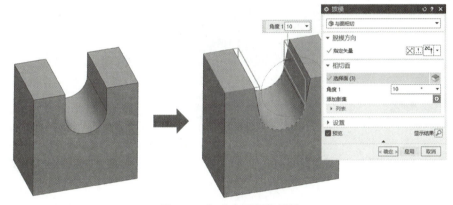

图 5.13　与多个面相切拔模

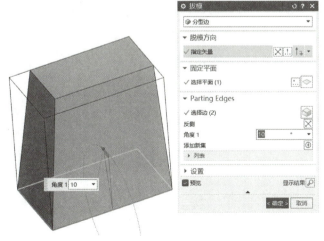

图 5.14　至分型边拔模

图 5.15　【偏置面】对话框

(1) 调用命令的方式

1) 单击下拉菜单栏中的【菜单】→【插入】→【偏置/缩放】→【偏置面】。

2) 单击工具栏的按钮 偏置面。

(2) 偏置面操作　偏置面操作如图 5.16 所示。

(3) 要偏置的面　要偏置的面即选取的实体表面,可以同时选择多个面。

(4) 偏置　偏置可以为正值,也可以为负值。

(5) 反向　通过单击【反向】按钮,可以改变偏置方向。

2. 抽壳

抽壳是指从指定的平面向下移除一部分材料而形成具有一定厚度的薄壁体。抽壳常用于将成形零件掏空,使零件厚度变薄,从而节省材料。【抽壳】对话框中提供了两种抽壳的方式,如图 5.17 所示。

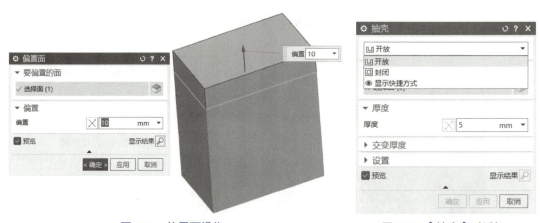

图 5.16　偏置面操作　　　　　图 5.17　【抽壳】对话框

(1) 调用命令的方式

1) 单击下拉菜单栏中的【菜单】→【插入】→【偏置/缩放】→【抽壳】。

2) 单击工具栏的按钮 抽壳。

(2) 开放　该方式会选取实体的一个面作为开口的面,其他表面则通过设置厚度参数来形成具有一定壁厚的腔体薄壁,如图 5.18 所示。

(3) 封闭　该方式会对体的所有面进行抽壳,且不移除任何面,如图 5.19 所示。

(4) 选择面　用于从要抽壳的体中选择一个或多个面抽壳。如果有多个体,则所选的第一个面将决定要抽壳的体。

(5) 厚度　用于为抽壳设置壁厚。可以拖动厚度手柄,或者在【厚度】文本框中输入

图 5.18　开放方式抽壳

数值。要更改单个壁厚，可使用【被选项厚度】组中的选项。

（6）反向　反向即更改厚度的方向。

（7）交变厚度

1）选择面：用于选择厚度集的面，可以对每个面集中的所有面指定统一的厚度值。

2）添加新集：使用选定的面创建面集。

（8）设置

1）在相切边延伸支承面：在偏置体中的面之前，先处理选定要移除并与其他面相切的面。这将沿光顺的边界边创建边面。如果选定要移除的面都不与不移除的面相切，选择此选项将没有作用。

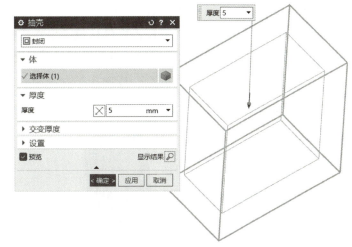

图5.19　封闭方式抽壳

2）延伸相切面：延伸相切面，并且不为选定要移除且与其他面相切的面的边创建边面。

3. 缩放体

缩放体用来缩放实体或片体的大小，并可改变对象的尺寸或相对位置。无论缩放点在什么位置，实体或片体特征都会以该点为基准在形状尺寸和相对位置上进行相应的缩放。【缩放体】对话框中提供了三种创建缩放体的方法，如图5.20所示。

（1）调用命令的方式

1）单击下拉菜单栏中的【菜单】→【插入】→【偏置/缩放】→【缩放体】。

2）单击工具栏的按钮 缩放体。

（2）均匀　该方式即整体性等比例缩放，它是在不删除源特征的基础上进行的，删除缩放特征后，源特征依然存在，如图5.21所示。

图5.20　【缩放体】对话框

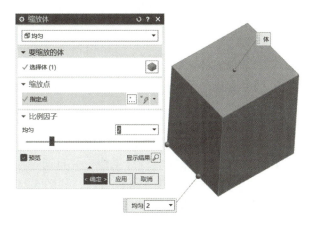

图5.21　均匀缩放

（3）轴对称 该方式可以将实体沿选定轴的垂直方向进行相应的放大或缩小。它与均匀缩放不同的是，该方法仅仅是将实体在选定的轴的单方向上缩放，并不是等比例缩放，如图 5.22 所示。

（4）不均匀 该方式是根据所设定的比例因子在所选轴的方向和垂直于该轴的方向进行缩放，创建该缩放特征需要指定新的坐标系或接受系统默认的当前工作坐标系，如图 5.23 所示。

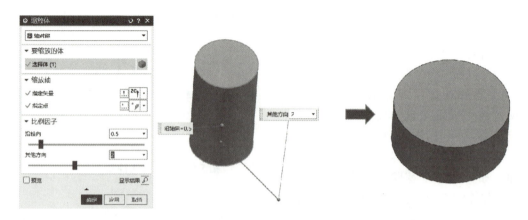

图 5.22 轴对称缩放

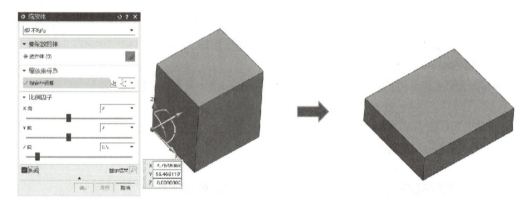

图 5.23 不均匀缩放

三、关联复制特征

1. 抽取几何特征

该命令可以通过复制一个面、一组面或一个实体特征来创建片体或实体。该命令充分利用了现有实体或片体来完成设计工作，并且通过抽取生成的特征与原特征具有相关性。【抽取几何特征】对话框中提供了 8 种方法，如图 5.24 所示。

（1）调用命令的方式

1）单击下拉菜单栏中的【菜单】→【插入】→【关联复制特征】→【抽取几何特征】。

2）单击工具栏的按钮 抽取几何特征。

（2）复合曲线　该方式通过复制其他曲线或边来创建曲线，并且可以设置复制的曲线与原曲线是否具有关联性，如图 5.25 所示。

图 5.24　【抽取几何特征】对话框

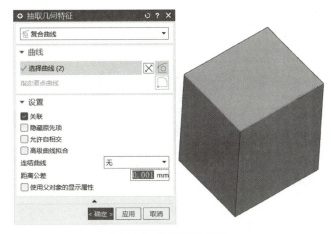

图 5.25　抽取复合曲线

1）关联：复制的曲线与源曲线具有关联性，修改源曲线的参数后，复制的曲线也随之更改。

2）隐藏原先项：复制曲线后将源曲线进行隐藏。

（3）点　该方式通过复制其他点来创建点，并且可以设置复制的点和原来的点是否有关联特征。

（4）基准　该方式通过复制原有的基准来创建新的基准，并且可以改变复制的基准的显示比例，还可以设置复制的基准和原有的基准是否有关联特征。

（5）面　该方式可以将选取的实体或片体的表面抽取为片体。选择需要抽取的一个或多个实体面（片体面）并进行相关设置，即可完成抽取面的操作，如图 5.26 所示。

（6）面区域　该方式可以在实体中选取种子面和边界面，种子面是区域中的起始面，边界面是用来对选择区域进行界定的一个或多个表面，即终止面，如图 5.27 所示。

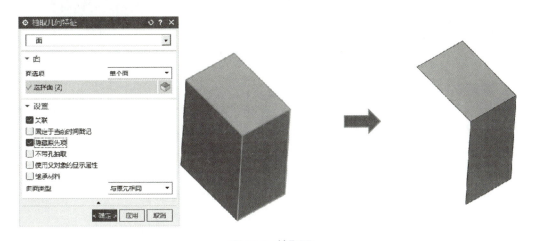

图 5.26　抽取面

（7）体　该方式可以对选定的视图或片体进行复制操作，复制的对象和原对象是关联的。

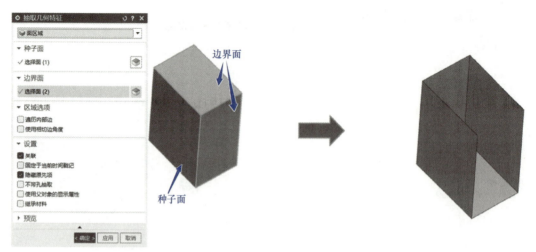

图 5.27　抽取面区域

（8）镜像体　该方式可以复制指定的一个或多个特征，并根据基准平面将其镜像到该基准平面的另一侧，如图 5.28 所示。

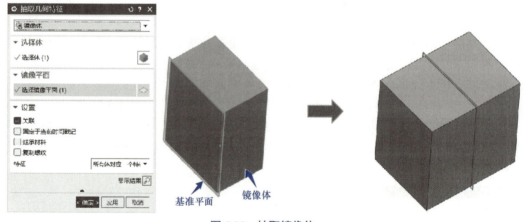

图 5.28　抽取镜像体

2. 阵列特征

该命令可将特征复制到许多图样或布局（线性、圆形、多边形等）中，并有对应图样边界、实例方位、旋转和变化的各种选项，这里主要介绍线性和圆形布局，【阵列特征】对话框如图 5.29 所示。

（1）调用命令的方式

1）单击下拉菜单栏中的【插入】→【关联复制】→【阵列特征】。

2）单击工具栏的按钮 阵列特征。

（2）线性　该布局可将特征向选定的一个或两个方向进行复制，同时也可以设置每个方向上的【间距】，如图 5.30 所示。

（3）圆形　该布局可将特征以选定的旋转轴为圆心进行圆周上的复制，同时可以设置圆周上特征的【数量】和【间距角】。选取【阵列定义】选项卡中的"圆形"选项，在绘图区中选取要形成阵列的特征，指定【旋转轴】选项卡中的【指定矢量】和【指定点】，设置【数量】和【间距角】，即可对特征形成圆形图样，如图 5.31 所示。

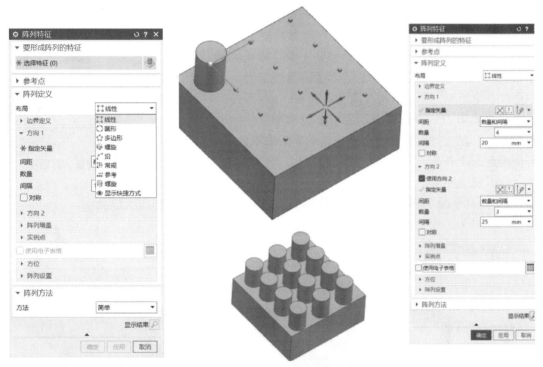

图 5.29　【阵列特征】对话框　　　　图 5.30　线性布局

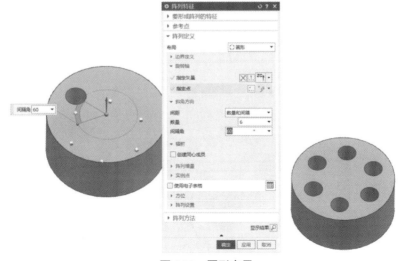

图 5.31　圆形布局

3. 镜像特征

镜像特征就是复制指定的一个或多个特征，并根据镜像平面（基准平面或实体表面）将其镜像到该平面的另一侧，【镜像特征】对话框如图 5.32 所示。

镜像特征

（1）调用命令的方式

1）单击下拉菜单栏中的【菜单】→【插入】→【关联复制】→【镜像特征】。

2）单击工具栏的按钮 镜像特征。

（2）选择特征 【选择特征】用于选择一个或多个要镜像的特征，如果选择的特征从属于未选择的其他特征，则在尝试创建镜像特征时，用户会收到更新警告和失败报告消息。

（3）参考点 该选项卡用于指定源参考点，如果不想使用，在选择源特征时，系统自动判断的默认点，可使用此选项卡。

图 5.32 【镜像特征】对话框

（4）镜像平面

1）现有平面：该平面可以是基准平面，也可以是平的面，如图 5.33 所示。

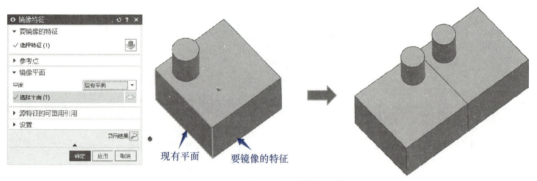

图 5.33 现有平面方式镜像特征

2）新平面：用于创建镜像平面，其方法与创建基准平面的方法一样，如图 5.34 所示。

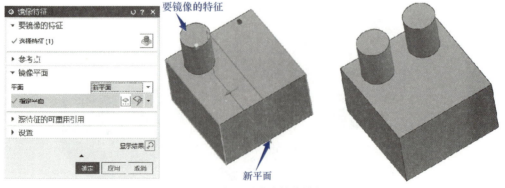

图 5.34 新平面方式镜像特征

四、修剪特征

1. 修剪体

该命令可利用平面、曲面或基准平面对实体进行修剪操作,这些修剪面必须完全通过实体,否则无法完成修剪操作,实体在修剪后仍然是参数化实体,并且保留实体创建时的所有参数。【修剪体】对话框如图 5.35 所示。

修剪体

(1)调用命令的方式

1)单击下拉菜单栏中的【菜单】→【插入】→【修剪】→【修剪体】。

2)单击工具栏的按钮 。

(2)目标

选择体:用于选择要修剪的一个或多个目标体。

(3)工具

1)工具选项:列出要使用的修剪工具类型。

2)面或平面:用于从体或现有的基准平面中选择一个或多个面来修剪目标体,多个工具面必须都同属于一个体,且要超过目标体边界,如图 5.36 所示。

图 5.35 【修剪体】对话框

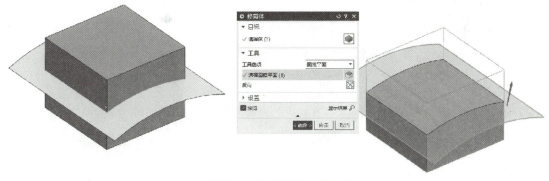

图 5.36 面或平面方式修剪

3)新平面:用于选择一个新的参考平面来修剪目标体,新平面与创建基准平面的方法一样,如图 5.37 所示。

4)反向:反转修剪方向。

2. 拆分体

该命令可利用曲面、基准平面或几何体将一个实体分割为多个实体。拆分体与修剪体不同的是,修剪体在修剪实体后会保持实体原来的参数不变,而拆分体对实体进行拆分后,实体会变为非参数化的实体,并且创建实体时的所有参数会全部丢失。【拆分体】对话框如图 5.38 所示。

 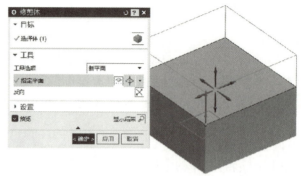

图 5.37　新平面方式修剪

（1）调用命令的方式

1）单击下拉菜单栏中的【菜单】→【插入】→【修剪】→【拆分体】。

替换面

2）单击工具栏的按钮 ● 拆分体。

（2）对话框内容　拆分体的对话框内容含义与修剪体类似，操作方法也大体一致，只有得到的结果有所不同，如图 5.39 所示。

图 5.38　【拆分体】对话框

图 5.39　拆分体结果

五、同步建模

1. 替换面

该命令可以用一个面替换一组面，同时还能生成相邻的圆角，甚至可以对非参数化的模型使用替换面。【替换面】对话框如图 5.40 所示。

（1）调用命令的方式

1）单击下拉菜单栏中的【菜单】→【插入】→【同步建模】→【替换面】。

2）单击工具栏的按钮 。

替换

（2）替换面操作　单击工具栏中的替换面按钮，在绘图区选取要替换的面，单击【替换面】选项卡中的【选择面】按钮，然后在绘图区选取曲面的下表面为替换面，确定偏置方向，单击【确定】按钮，完成操作，如图 5.41 所示。

2. 移动面

该命令主要用来对实体中的面进行移动，在工具栏中单击移动面按钮，系统弹出【移动面】对话框，这里主要介绍以距离-角度、距离、角度、点到点方式移动面，【移动面】对话框如图 5.42 所示。

图 5.40　【替换面】对话框

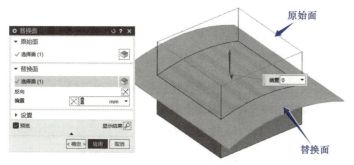

图 5.41　替换面操作

图 5.42　【移动面】对话框

（1）调用命令的方式

1）单击下拉菜单栏中的【菜单】→【插入】→【同步建模】→【移动面】。

2）单击工具栏的按钮 。

（2）距离-角度　该方式需要先知道一个矢量方向和一个基准点，然后再知道移动距离和角度，即可移动选取的面。

（3）距离　该方式可将选取的面延伸到指定的距离，如图 5.43 所示。

（4）角度　该方式可将对象绕一个轴进行旋转，如图 5.44 所示。

（5）点到点　该方式可将目标点移动到另一个点，如图 5.45 所示。

3. 删除面

该命令用于删除现有体上的一个或多个面。如果选择了多个面，那么它们必须属于同一个实体。【删除面】对话框如图 5.46 所示。

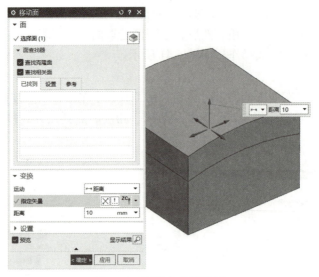

图 5.43 距离方式移动面

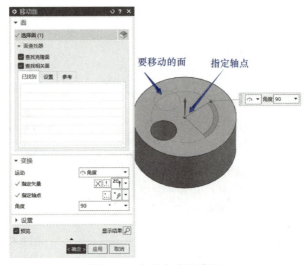

图 5.44 角度方式移动面

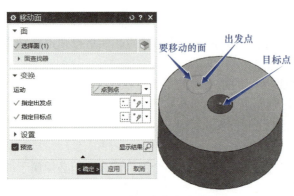

图 5.45 点到点方式移动面

图 5.46 【删除面】对话框

(1) 调用命令的方式

1) 单击下拉菜单栏中的【菜单】→【插入】→【同步建模】→【删除面】。

2) 单击工具栏的按钮 ![删除]。

(2) 面　单击工具栏的删除面按钮,选择"面",在绘图区选取要删除的面,单击【确定】按钮,完成操作,如图5.47所示。

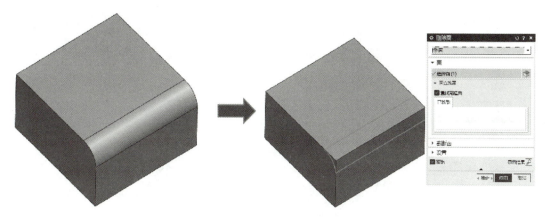

图 5.47　删除面的操作

(3) 圆角　单击工具栏的删除面按钮,选择"圆角",在绘图区选取要删除的面,圆角可以是恒定半径或可变半径的,也可以是陡峭的圆角或是凹口圆角,单击【确定】按钮,完成操作。

(4) 孔　单击工具栏的删除面按钮,选择"孔",在对话框中设置孔尺寸≤10mm,在绘图区选取要删除的面,单击【确定】按钮,完成操作,如图5.48所示。

(5) 圆角大小　单击工具栏的删除面按钮,选择"圆角大小",在绘图区选取要删除的半径小于或等于给定半径的圆角,单击【确定】按钮,完成操作。

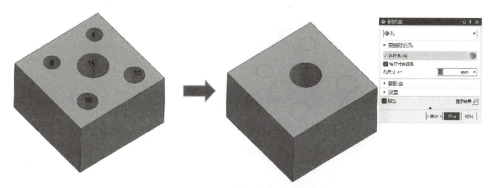

图 5.48　用"孔"的方式删除面

4. 尺寸

该命令类似于"草图"中的尺寸约束,不同的是"草图"驱动的对象是曲线,而"同步建模"驱动的对象是面。尺寸命令包括线性尺寸、角度尺寸和径向尺寸，它们各自的对话框如图 5.49 所示。

（1）调用命令的方式

1）单击下拉菜单栏中的【插入】→【同步建模】→【线性尺寸/角度尺寸/径向尺寸】。

2）单击工具栏的按钮 线性尺寸、 角度尺寸、 径向尺寸。

a)【线性尺寸】对话框　　　　b)【角度尺寸】对话框　　　　c)【径向尺寸】对话框

图 5.49　尺寸命令的对话框

（2）线性尺寸　通过将线性尺寸添加至模型并修改其值来移动一组面，如图 5.50 所示。

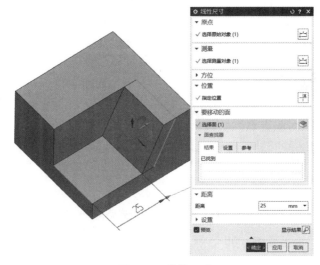

图 5.50　线性尺寸

（3）角度尺寸　通过将角度尺寸添加至模型并修改其值来移动一组面，如图 5.51 所示。

（4）径向尺寸　通过添加径向尺寸并修改其值来移动一组圆柱面或球面，以及具有圆周边的面，如图 5.52 所示。

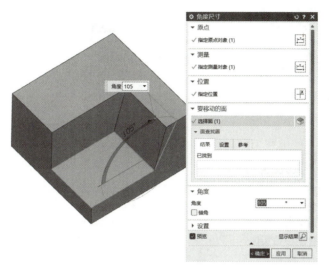

图 5.51　角度尺寸

图 5.52　径向尺寸

【任务训练】

创建如图 5.53 所示的紧急智能按钮的三维模型。主要涉及的命令包括拉伸、倒斜角、边倒圆、抽取几何特征、圆柱、孔、圆锥、抽壳、修剪体、替换面和拔模等。

操作步骤如下。

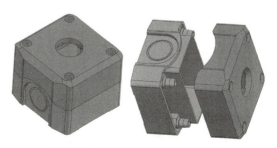

图 5.53　紧急智能按钮的三维模型

1. 紧急智能按钮上盖制作

1）单击【文件】菜单中的【新建】按钮 ，文件名为"anniu"，单击【确定】按钮，如图 5.54 所示。

紧急智能按钮实体
建模——上盖制作（一）

紧急智能按钮实体
建模——上盖制作（二）

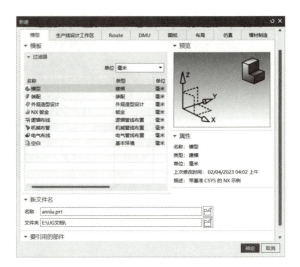

图 5.54　新建文件 anniu

2）单击工具栏中的拉伸按钮 ，打开【拉伸】对话框，选择 XC-YC 基准平面，进入草图界面。绘制拉伸草图（紧急智能按钮上盖是对称结构，绘制 1/4 结构即可），单击【完成草图】，进入【拉伸】对话框，设置【指定矢量】为"ZC"，起始距离为"30"，终止距离为"-15"，【布尔】为"无"，如图 5.55 所示。

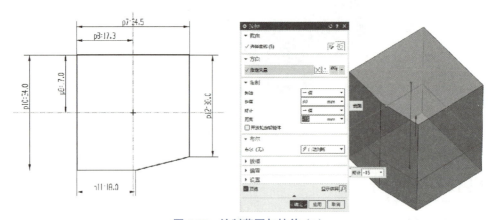

图 5.55　绘制草图与拉伸（1）

3）单击工具栏中的拉伸按钮 ，打开【拉伸】对话框，选择 XC-ZC 基准平面。绘制拉伸草图，单击【完成草图】，进入【拉伸】对话框，设置【指定矢量】为"YC"，【宽

项目五 紧急智能按钮实体建模

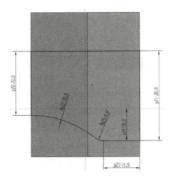

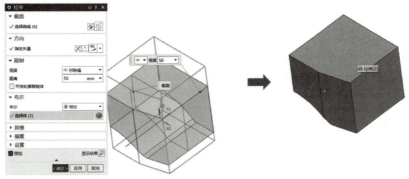

图 5.56 绘制草图与拉伸（2）

度】设置为"对称值",【距离】为"50",【布尔】为"相交",如图 5.56 所示。

4）单击工具栏中的倒斜角按钮 ![倒斜角],打开【倒斜角】对话框,选择相关实体边缘进行倒斜角,如图 5.57 所示。

5）单击工具栏中的边倒圆按钮 ![边倒圆],打开【边倒圆】对话框,选择相关实体边缘进行倒圆角,如图 5.58 所示。

6）单击工具栏中的抽壳按钮 ![抽壳]抽壳,打开【抽壳】对话框,选择相关实体面进行抽壳,如图 5.59 所示。

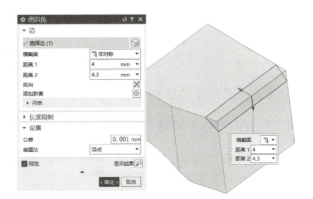

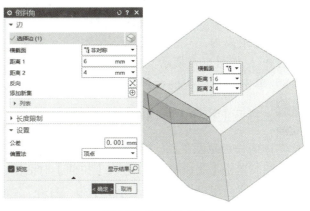

图 5.57 倒斜角（1）

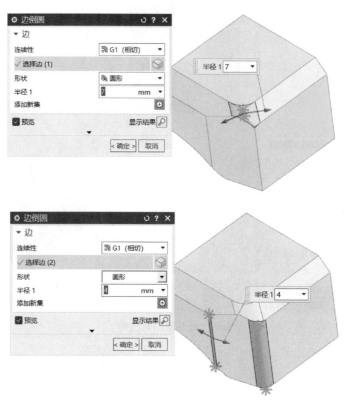

图 5.58 边倒圆（1）

7）单击工具栏中的拉伸按钮 ，打开【拉伸】对话框，选择实体面作为草图平面。绘制拉伸草图，单击【完成草图】，进入【拉伸】对话框，设置【指定矢量】为"-ZC"，起始距离为"0"，终止距离为"3"，【布尔】为"合并"，如图 5.60 所示。

8）单击工具栏中的拉伸按钮，打开【拉伸】对话框，

图 5.59 抽壳

选择实体面作为草图平面。绘制拉伸草图，单击【完成草图】，进入【拉伸】对话框，设置【指定矢量】为"-ZC"，起始距离为"0"，终止距离为"16"，【布尔】为"合并"，如图 5.61 所示。

项目五 紧急智能按钮实体建模

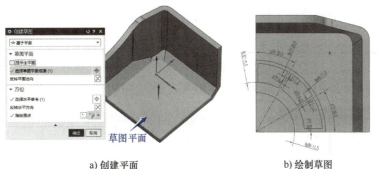

a) 创建平面　　　　　　　　b) 绘制草图

c) 拉伸

图 5.60　绘制草图与拉伸（3）

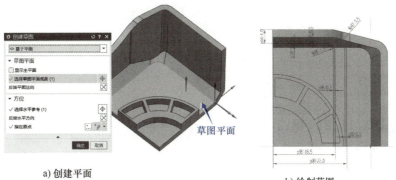

a) 创建平面　　　　　　　　b) 绘制草图

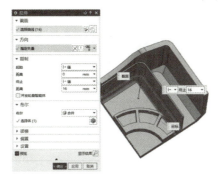

c) 拉伸

图 5.61　绘制草图与拉伸（4）

9)单击工具栏中的拉伸按钮 ,打开【拉伸】对话框,选择实体面作为草图平面。绘制拉伸草图,单击【完成草图】,进入【拉伸】对话框,设置【指定矢量】为"-ZC",起始距离为"0",结束距离为"12",【布尔】为"无",如图5.62所示。

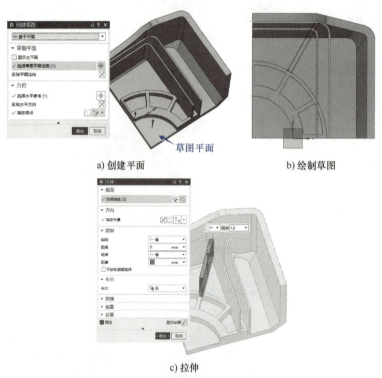

图 5.62 绘制草图与拉伸(5)

10)单击工具栏中的拔模按钮 拔模,打开【拔模】对话框,选择"边",并选择实体边缘作为脱模方向,指定固定边,【角度1】为1.5°,如图5.63所示。

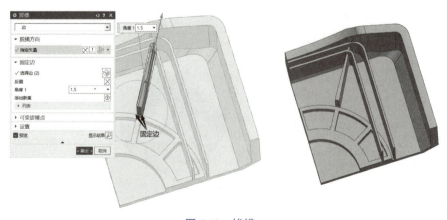

图 5.63 拔模

11）单击工具栏中的合并按钮 合并，打开【合并】对话框，依次选择目标体和工具体，如图 5.64 所示。

12）单击工具栏中的倒斜角按钮 倒斜角，打开【倒斜角】对话框，选择要倒斜角的实体边，设置【横截面】为"非对称"，【距离 1】为"13"，【距离 2】为"9"，如图 5.65 所示。

13）单击工具栏中的拉伸按钮 拉伸，打开【拉伸】对话框，选择实体面作为草图平面。绘制拉伸草图，单击【完成草图】，进入【拉伸】对话框，设置【指定矢量】为"-ZC"，起始距离为"0"，终止距离为"16"，【布尔】为"合并"，如图 5.66 所示。

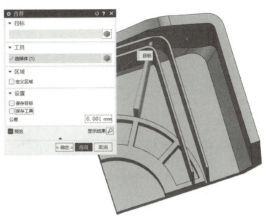

图 5.64　合并

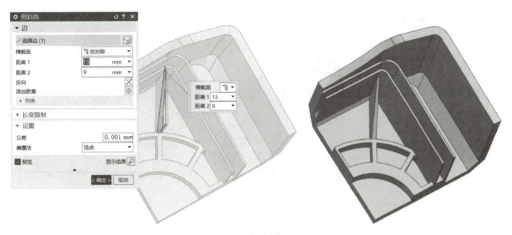

图 5.65　倒斜角（2）

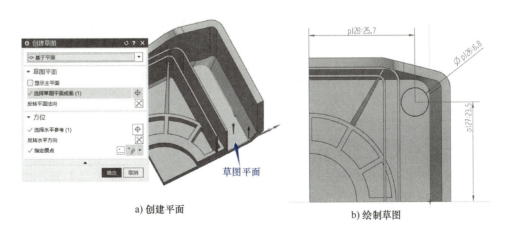

a) 创建平面　　　　　　　b) 绘制草图

图 5.66　绘制草图与拉伸（6）

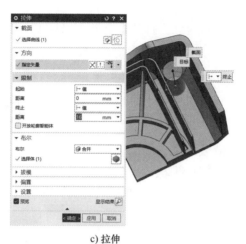

c）拉伸

图 5.66　绘制草图与拉伸（6）（续）

14）单击工具栏中的圆柱按钮 ⊙圆柱，打开【圆柱】对话框，【指定矢量】为"-ZC"，如图 5.67 所示。

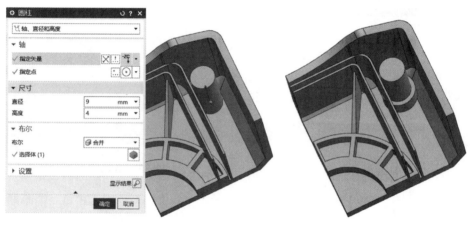

图 5.67　绘制圆柱（1）

15）单击工具栏中的圆柱按钮 ⊙圆柱，打开【圆柱】对话框，【指定矢量】为"ZC"，如图 5.68 所示。

16）单击工具栏中的替换面按钮 ![替换]，打开【替换面】对话框，选择要替换的面和替换面，如图 5.69 所示。

17）单击工具栏中的拉伸按钮 ![拉伸]，打开【拉伸】对话框，选择实体面作为草图平面。绘制拉伸草图，单击【完成草图】，进入【拉伸】对话框，设置【指定矢量】为"ZC"，起始距离为"0"，终止距离为"1"，【布尔】为"合并"，如图 5.70 所示。

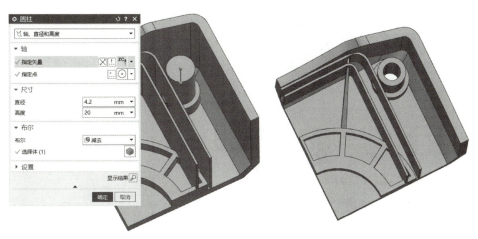

图 5.68　绘制圆柱（2）

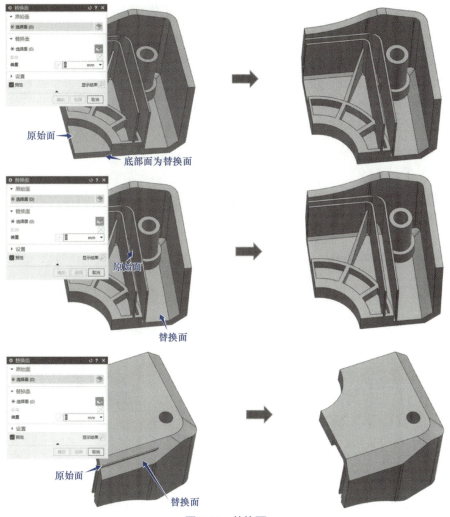

图 5.69　替换面

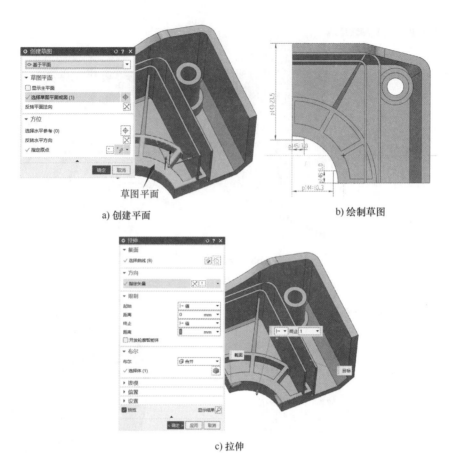

a) 创建平面　　　b) 绘制草图

c) 拉伸

图 5.70　绘制草图与拉伸（7）

18）单击工具栏中的圆柱按钮 ⊙圆柱，打开【圆柱】对话框，【指定矢量】为"-ZC"，如图 5.71 所示。

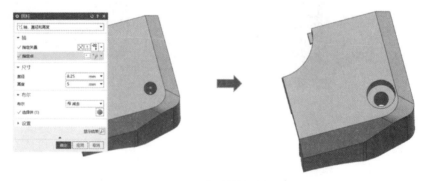

图 5.71　绘制圆柱（3）

19）单击工具栏中的拉伸按钮 ，打开【拉伸】对话框，选择圆柱孔边缘，设置【指定矢量】为"ZC"，起始距离为"0"，终止距离为"2.8"，【偏置】为"两侧"，【开始】为

"0",【结束】为"1.4",【布尔】为"合并",如图5.72所示。

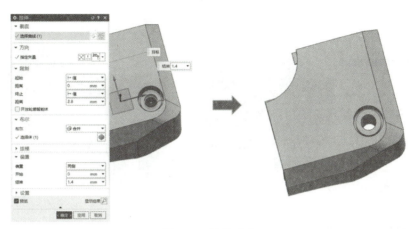

图 5.72 拉伸（1）

20）单击工具栏中的基准平面按钮 ，打开【基准平面】对话框，以自动判断的方式创建基准平面，如图5.73所示。

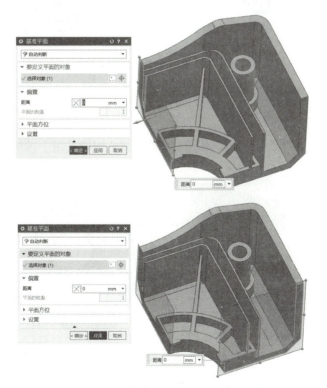

图 5.73 以自动判断的方式创建基准平面

21）单击工具栏中的抽取几何特征按钮 抽取几何特征，打开【抽取几何特征】对话框，选择"镜像体",将实体镜像两次,镜像平面选择第20)步创建的基准平面,如图5.74所示。

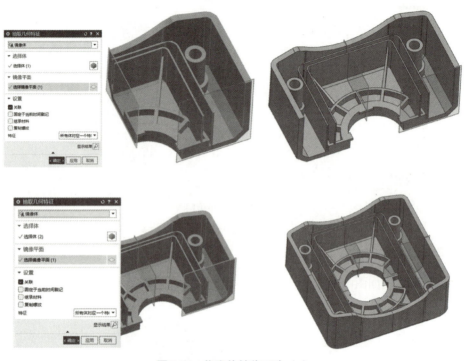

图 5.74　将实体镜像两次(1)

22)单击工具栏中的合并按钮 ![合并], 打开【合并】对话框,将第21)步创建的4个实体合并成一个整体,并将颜色更改成绿色,完成的紧急智能按钮上盖如图5.75所示。

图 5.75　紧急智能按钮上盖

2. 紧急智能按钮下盖制作

1)单击工具栏中的图层设置按钮 ![图层设置],打开【图层设置】对话框,设置图层2为工作层(绘制下盖),单击【确定】按钮,如图5.76所示。

图 5.76 紧急智能按钮下盖图层设置

紧急智能按钮实体
建模——下盖制作（一）

紧急智能按钮实体
建模——下盖制作（二）

2）单击工具栏中的拉伸按钮 ，打开【拉伸】对话框，选择上盖表面，选择方式设置为"面的边"。设置【指定矢量】为"-ZC"，起始距离为"0"，终止距离为"40"，【布尔】为"无"，如图 5.77 所示。

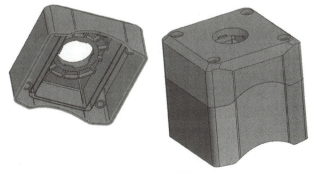

图 5.77 拉伸（2）

3）单击工具栏中的修剪体按钮 ![修剪体]，打开【修剪体】对话框，选择下盖表面向下偏置 "-25" 的位置，将下盖下面结构修剪掉，如图 5.78 所示。

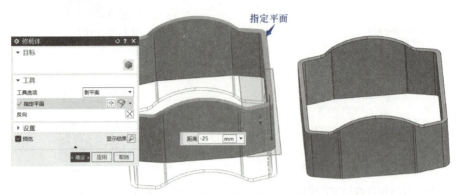

图 5.78　将下盖下面结构修剪掉

4）单击工具栏中的拉伸按钮 ![拉伸]，打开【拉伸】对话框，选择下盖底部最后边缘，设置【指定矢量】为"ZC"，起始距离为"0"，终止距离为"3"，【布尔】为"合并"，如图 5.79 所示。

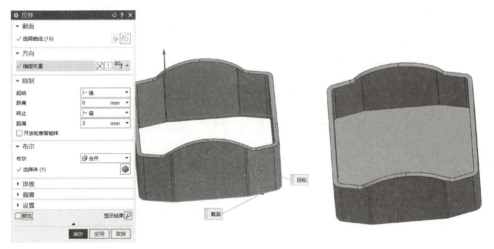

图 5.79　拉伸（3）

5）单击工具栏中的拉伸按钮 ![拉伸]，打开【拉伸】对话框，选择 XC-YC 作为草图平面，绘制拉伸草图（由于下盖属于前后、左右对称结构，只需绘制 1/4 结构即可，其他结构可以先行减去），单击【完成草图】，进入【拉伸】对话框，设置【指定矢量】为"ZC"，起始距离为"30"，终止距离为"-50"，【布尔】为"减去"，如图 5.80 所示。

6）单击工具栏中的拉伸按钮 ![拉伸]，打开【拉伸】对话框，选择实体面作为草图平面。

绘制拉伸草图，单击【完成草图】，进入【拉伸】对话框，设置【指定矢量】为"ZC"，起始距离为"0"，终止距离为"35"，【布尔】为"合并"，如图 5.81 所示。

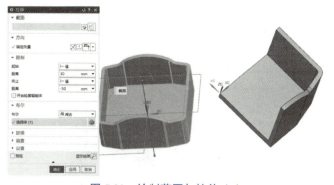

图 5.80 绘制草图与拉伸（8）

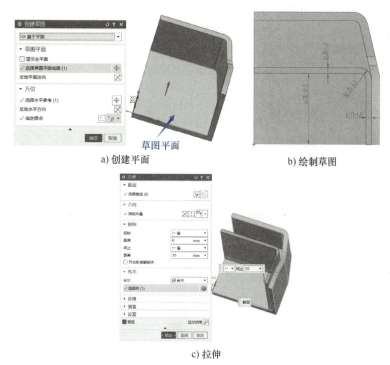

图 5.81 绘制草图与拉伸（9）

7）单击工具栏中的拉伸按钮 ，打开【拉伸】对话框，选择实体面作为草图平面。绘制拉伸草图，单击【完成草图】，进入【拉伸】对话框，设置【指定矢量】为"ZC"，起始距离为"0"，终止距离为"11.5"，【布尔】为"合并"，如图 5.82 所示。

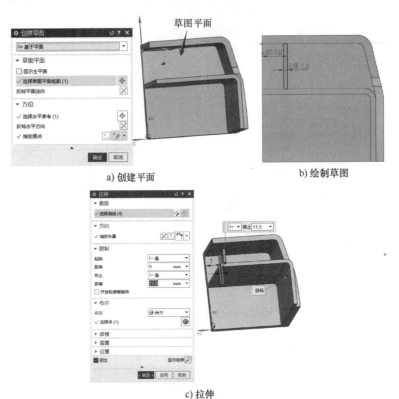

a) 创建平面

b) 绘制草图

c) 拉伸

图 5.82　绘制草图与拉伸（10）

8）单击工具栏中的拉伸按钮 ，打开【拉伸】对话框，选择实体面作为草图平面。绘制拉伸草图，单击【完成草图】，进入【拉伸】对话框，设置【指定矢量】为"ZC"，起始距离为"0"，终止距离为"22"，【布尔】为"合并"，如图 5.83 所示。

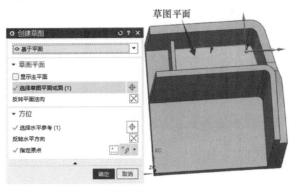

a) 创建平面

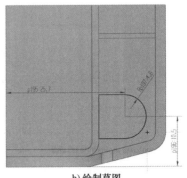

b) 绘制草图

图 5.83　绘制草图与拉伸（11）

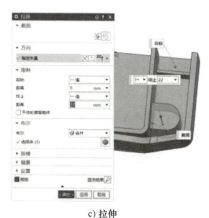

c) 拉伸

图 5.83 绘制草图与拉伸（11）（续）

9）单击工具栏中的圆柱按钮 🗇 圆柱，打开【圆柱】对话框，【指定矢量】为"ZC"，如图 5.84 所示。

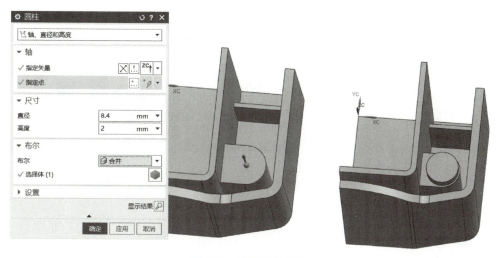

图 5.84 绘制圆柱（4）

10）单击工具栏中的圆柱按钮 🗇 圆柱，打开【圆柱】对话框，【指定矢量】为"ZC"，如图 5.85 所示。

11）单击工具栏中的圆锥按钮 🔺 圆锥，打开【圆锥】对话框，【指定矢量】为"ZC"，如图 5.86 所示。

12）单击工具栏中的圆柱按钮 🗇 圆柱，打开【圆柱】对话框，【指定矢量】为"-ZC"，如图 5.87 所示。

13）单击工具栏中的拉伸按钮 ⬢，打开【拉伸】对话框，选择实体底面作为草图平面。绘制拉伸草图，单击【完成草图】，进入【拉伸】对话框，设置【指定矢量】为"-ZC"，起始距离为"0"，终止距离为"0.5"，【布尔】为"合并"，如图 5.88 所示。

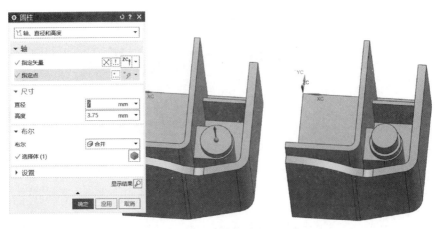

图 5.85　绘制圆柱（5）

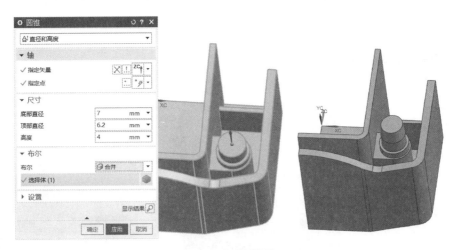

图 5.86　绘制圆锥

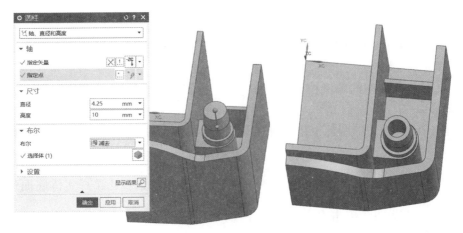

图 5.87　绘制圆柱（6）

项目五 紧急智能按钮实体建模

a) 创建平面　　　　　　　　　　　　　b) 绘制草图

c) 拉伸

图 5.88　绘制草图与拉伸（12）

14）单击工具栏中的孔按钮，打开【孔】对话框，选择"沉头",【沉头直径】为"8.5",【沉头深度】为"0.5",【孔径】为"7.7",【孔深】为"3.5",【顶锥角】为 0°,【布尔】为"减去"，如图 5.89 所示。

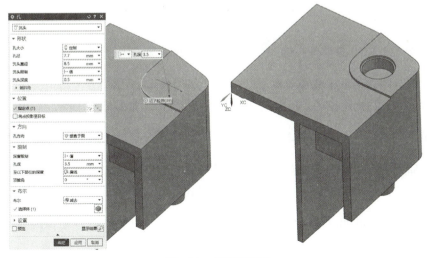

图 5.89　创建沉头孔

175

15）单击工具栏中的拉伸按钮，打开【拉伸】对话框，选择实体底面作为草图平面。绘制拉伸草图，单击【完成草图】，进入【拉伸】对话框，设置【指定矢量】为"ZC"，起始距离为"0"，终止距离为"2.5"，【布尔】为"减去"，如图5.90所示。

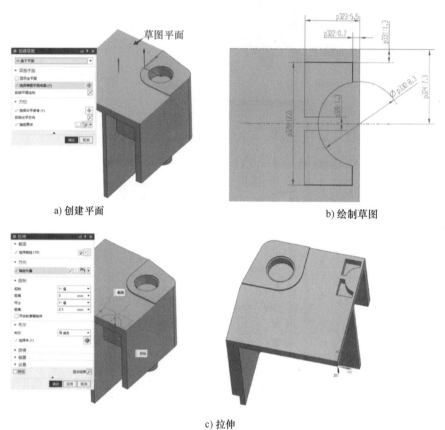

a) 创建平面

b) 绘制草图

c) 拉伸

图 5.90　绘制草图与拉伸（13）

16）单击工具栏中的拉伸按钮，打开【拉伸】对话框，选择实体底面作为草图平面。绘制拉伸草图，单击【完成草图】，进入【拉伸】对话框，设置【指定矢量】为"ZC"，起始距离为"0"，终止距离为"0.1"，【布尔】为"减去"，如图5.91所示。

17）单击工具栏中的拉伸按钮，打开【拉伸】对话框，选择实体底面作为草图平面。绘制拉伸草图，单击【完成草图】，进入【拉伸】对话框，设置【指定矢量】为"ZC"，起始距离为"0"，终止距离为"3"，【布尔】为"减去"，如图5.92所示。

18）单击工具栏中的拉伸按钮，打开【拉伸】对话框，选择实体侧面作为草图平面。绘制拉伸草图，单击【完成草图】，进入【拉伸】对话框，设置【指定矢量】为"YC"，起始距离为"0",终止距离为"2.2",【布尔】为"减去",如图 5.93 所示。

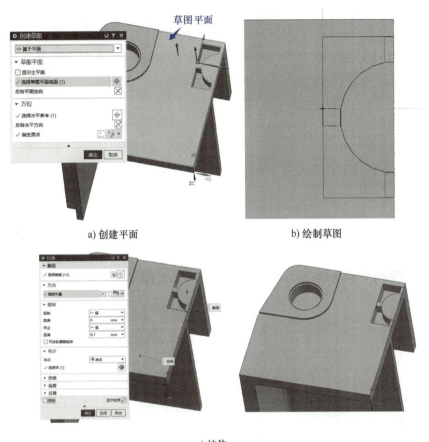

a) 创建平面　　b) 绘制草图

c) 拉伸

图 5.91　绘制草图与拉伸（14）

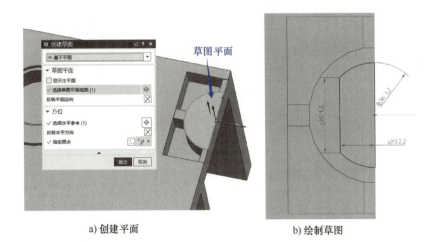

a) 创建平面　　b) 绘制草图

图 5.92　绘制草图与拉伸（15）

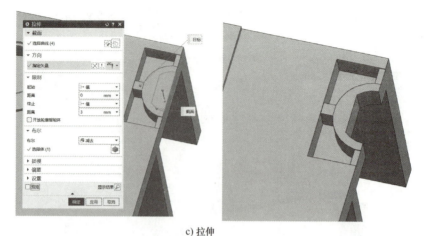

c) 拉伸

图 5.92 绘制草图与拉伸（15）（续）

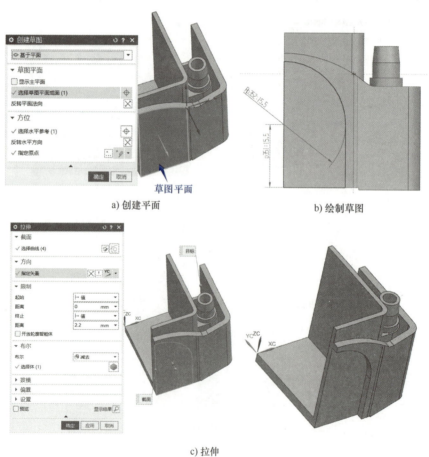

a) 创建平面　　　　　　　　　　　b) 绘制草图

c) 拉伸

图 5.93 绘制草图与拉伸（16）

19）单击工具栏中的拉伸按钮，打开【拉伸】对话框，选择实体侧面作为草图平面。绘制拉伸草图,单击【完成草图】,进入【拉伸】对话框,设置【指定矢量】为"YC",起始距离为"0",终止距离为"0.5",【布尔】为"减去",如图 5.94 所示。

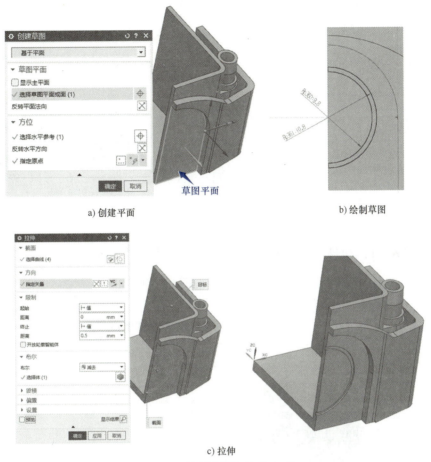

图 5.94　绘制草图与拉伸(17)

20)单击工具栏中的边倒圆按钮，打开【边倒圆】对话框,选择相关实体边缘进行倒圆角,如图 5.95 所示。

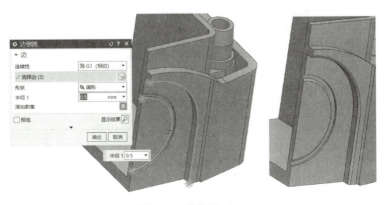

图 5.95　边倒圆(2)

21）单击工具栏中的边倒圆按钮 ，打开【边倒圆】对话框，选择相关实体边缘进行倒圆角，如图 5.96 所示。

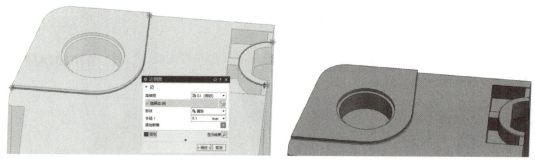

图 5.96　边倒圆（3）

22）单击工具栏中的基准平面按钮 ，打开【基准平面】对话框，选择"自动判断"，单击实体表面，依次创建两个基准平面，如图 5.97 所示。

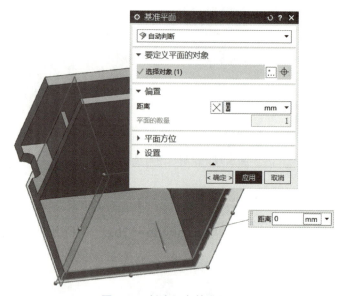

图 5.97　创建两个基准平面

23）单击工具栏中的抽取几何特征按钮 ，打开【抽取几何特征】对话框，选择"镜像体"，将实体镜像两次，如图 5.98 所示。

24）单击工具栏中的合并按钮 ，打开【合并】对话框，将这 4 块实体合并成一个整体，将其颜色更改成蓝色，完成的紧急智能按钮下盖如图 5.99 所示。

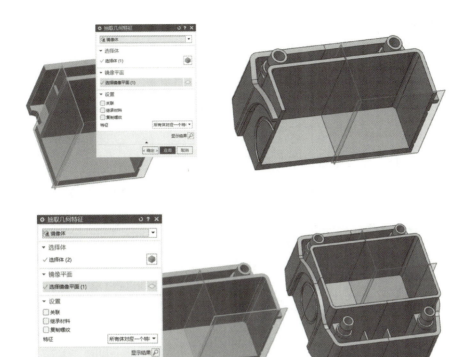

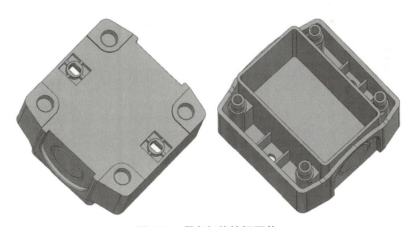

图 5.98 将实体镜像两次（2）

图 5.99 紧急智能按钮下盖

【课后习题】

1. 思考题

（1）修剪体命令和拆分体命令有什么异同点？
（2）有哪几种边倒圆方式？应如何操作？
（3）进行拔模操作时，可使用哪几种方式？

2. 练习题

用所学的命令画出图 5.100 所示的图形。

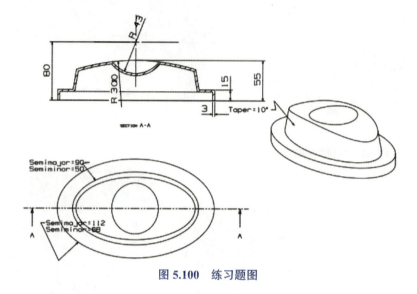

图 5.100 练习题图

项目六
智能剃须刀造型

【项目描述】

本项目主要学习多种创建曲面的方法，包括通过曲线组、通过曲线网格、修剪片体、缝合等命令（有些命令默认不显示，可从【定制】或【命令查找器】里调出）的应用。

【学习目标】

- **知识目标**
  ◎ 熟悉 UG NX 曲面造型及编辑曲面的方法。
  ◎ 掌握曲面造型。
- **情感目标**
  ◎ 培养曲面造型设计能力。
  ◎ 提高自身的创造力及综合分析的能力。
  ◎ 激发求知欲和探索精神。

【学习任务】

曲面造型及编辑曲面

【知识链接】

UG NX 的"曲面"工具栏及"编辑曲面"工具栏中提供了许多曲面工具，本项目主要介绍常用曲面工具的使用方法。

一、网格曲面

1. 通过曲线组

"通过曲线组"命令可以使一系列截面线串（大致在同一方向）建立一个片体或实体。

截面线串定义了曲面的一个方向，截面线可以是曲线、点、体边缘或体表面等，【通过曲线组】对话框如图 6.1 所示，操作方法如图 6.2 所示。

通过曲线创建曲面与直纹面的创建方法相似，区别在于直纹面只适用两条截面线串，并且两条线串之间总是通过直线相连的，而利用曲线组最多可允许使用 150 条截面线串。

（1）调用命令的方式

1）单击下拉菜单栏中的【菜单】→【插入】→【网格曲面】→【通过曲线组】。

2）单击工具栏的按钮 。

通过曲线组

通过曲线组

图 6.1 【通过曲线组】对话框

（2）截面（选择曲线或点） 该选项卡用于选择截面线串，最多可以选择 150 条，只有第一个截面或最后一个截面可以是一个点。

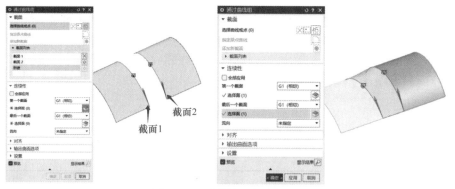

图 6.2 通过曲线组创建曲面

（3）反向按钮 该按钮用于反转各截面的方向，想要生成光滑的曲面时，所有截面的方向必须同向。

（4）指定原身曲线 当选择封闭的截面线串时，可以指定线串的初始位置。

（5）添加新集按钮 该按钮用于添加一个新的空截面线串，也可通过按下鼠标滚轮完成添加。

（6）连续性 该选项卡用于设置新生成的曲面在第一个或最后一个截面线串处的连续性。G0 为点连续，指曲面或曲线点连续，曲线无断点，曲面相接处无裂缝；G1 为相切连续，指曲面或曲线点连续，并且所有连接的线段和曲面之间都是相切关系；G2 为曲率连续，指曲面或曲线点连续，并且其曲率分析结果为连续变化。

（7）对齐 在该选项卡中可分别根据参数、弧长、根据点、距离、角度、脊线和根据分段来对齐创建的曲面。

（8）体类型 设置为实体，封闭的截面曲线造型的对象为实体，反之则为片体；如果截面曲线不是封闭的，则不管设置为片体还是实体，造型结果均为片体。

2. 通过曲线网格

使用该命令可以使一系列在两个方向上的截面线串建立片体或实体，截面线串可以由多段连续的曲线组成，这些线串可以是点、曲线、体边缘或体表面等。在构造曲面时，应该将一组同方向的截面线串定义为主曲线，而另一组大致垂直于主曲线的截面线串则为形成曲面的交叉线，如图 6.3 所示。

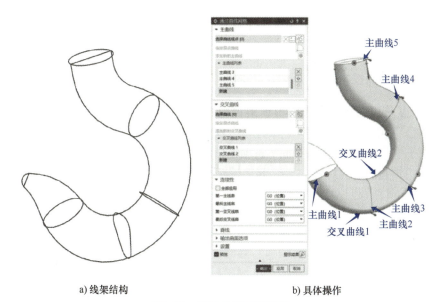

a) 线架结构　　　　　　　　　　　　b) 具体操作

图 6.3　通过曲线网格操作

（1）调用命令的方式

1）单击下拉菜单栏中的【菜单】→【插入】→【网格曲面】→【通过曲线网格】。

2）单击工具栏的按钮 通过曲线网格。

（2）主曲线　该选项卡用于选择包含曲线、边或点的主截面线串集，必须至少选择两个主集，且只能为第一个与最后一个集选择点，必须以连续顺序选择这些集，即从一侧到另一侧，且它们必须指向相同。

（3）交叉曲线　该选项卡用于选择包含曲线、边的横截面线串集。如果所选的主曲线能形成一个封闭的环，则可以把第一个交叉线串重复选作最后一个交叉线串，这样可以形成一个封闭的体，其他选择同主曲线。

（4）连续性　该选项卡用于在第一个主截面或最后一个主截面，以及第一个横截面与最后一个横截面处选择约束面，并指定连续性，可以沿公共边或在面的内部约束网格曲面。

二、编辑曲面

1. 修剪片体

修剪片体是指通过投影边界的轮廓线剪去片体的一部分。系统根据指定的投影方向，将一个边界（该边界可以使用曲线、实体或片体的边界、实体或片体的表面和基准平面等）投影到目标片体上，修剪出相应的轮廓形状，结果是关联性的修剪片体。【修剪片体】对话框如图 6.4 所示。

修剪片体操作中的边界对象可以是实体面、实体边缘、曲线或基准平面。选中【区域】选项卡中的【保留】或【放弃】单选按钮，可以控制修剪片体的保留或放弃，如图 6.5 所示。

（1）调用命令的方式

1）单击下拉菜单栏中的【菜单】→【插入】→【修剪】→【修剪片体】。

2）单击工具栏的按钮 。

图 6.4 【修剪片体】对话框

（2）投影方向　该下拉列表框用于指定边界对象投影到目标片体的方向。其中"垂直于面"选项是指沿垂直于目标片体的方向投影边界对象；"垂直于曲线平面"选项是指沿垂直于边界曲线所在平面的方向投影边界对象；"沿矢量"选项是指沿用户指定的矢量方向投影边界对象。

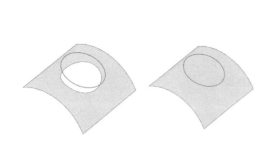
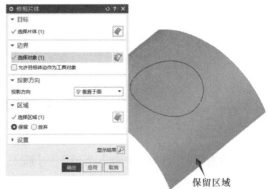

图 6.5　修剪片体操作

修剪片体

（3）选择区域　单击此按钮，可在绘图区选取其他要保留或放弃的区域。

1）保留：选中此单选按钮，将保留所选的区域。

2）放弃：选中此单选按钮，将修剪掉所选的区域。

（4）保存目标　勾选此复选按钮，则修剪结束后将在原处创建目标片体的副本。

2. 延伸片体

延伸片体是指按偏置距离或与另一个体的交点延伸片体，【延伸片体】对话框如图 6.6 所示。

（1）调用命令的方式

1）单击下拉菜单栏中的【菜单】→【插入】→【修剪】→【延伸片体】。

2）单击工具栏的按钮 。

图 6.6 【延伸片体】对话框

（2）偏置 该选项用于按照指定的偏置距离，以设置的延伸方法来延伸边界，如图 6.7 所示。

（3）直至选定 该选项通过选取对象为参照来限制延伸的面，常用于复杂相交曲面之间的延伸，如图 6.8 所示。

3. 修剪和延伸

修剪和延伸是指修剪或延伸一组边或面，使其与另一组边或面相交，可以使曲面延伸后和原来的曲面形成一个整体，相当于原来曲面的大小发生了变化，而不是另外单独生成一个曲面，当然也可以设置作为新面延伸，而保留原有的面。【修剪和延伸】对话框如图 6.9 所示。

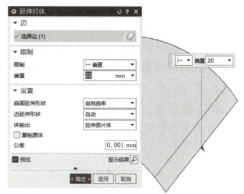

图 6.7 按偏置方式延伸片体

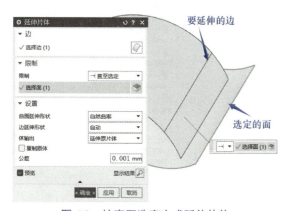

图 6.8 按直至选定方式延伸片体

图 6.9 【修剪和延伸】对话框

（1）调用命令的方式

1）单击下拉菜单栏中的【菜单】→【插入】→【修剪】→【修剪和延伸】。

2）单击工具栏的按钮 修剪和延伸。

（2）直至选定 该选项通过选取对象作为参照来限制延伸的面，常用于复杂相交曲面之间的延伸，其操作方法与延伸片体的操作方法一样，如图 6.10 所示。

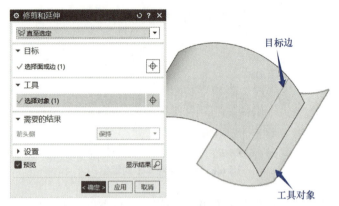

图 6.10　按直至选定方式延伸

（3）制作拐角　该选项需要指定目标对象和工具对象（注意方向）等，将目标边延伸到工具对象处形成拐角时，系统会根据在【需要的结果】选项卡中设定的选项，决定拐角线指定一侧的工具曲面是被保持还是被删除，最后自动缝合出一个整体，如图 6.11 所示。

4. 扩大

扩大命令主要用于对未修剪的曲面或片体进行放大或缩小，可以通过线性或自然模式更改曲面的大小，得到的曲面可以比原曲面大，也可以比原曲面小。【扩大】对话框如图 6.12 所示。

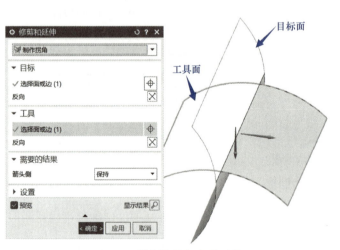

图 6.11　按制作拐角方式延伸

图 6.12　【扩大】对话框

（1）调用命令的方式

1）单击下拉菜单栏中的【菜单】→【编辑】→【曲面】→【扩大】。

2）单击工具栏的按钮 扩大。

（2）选择面　该选项卡用于选择要修改的曲面，如图 6.13 所示。

(3) 调整大小参数

1) 全部：将相同的修改应用到片体的所有边，并指定片体各边的修改百分比，如图 6.13 所示。

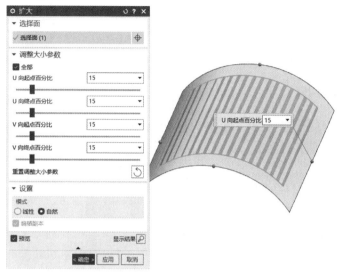

图 6.13 "全部"扩大曲面

2) U 向起点百分比、U 向终点百分比、V 向起点百分比、V 向终点百分比：指定片体各边的修改百分比，如图 6.14 所示。

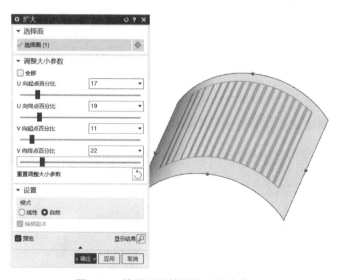

图 6.14 使用不同的百分比扩大曲面

3) 重置调整大小参数：在创建模式下，将参数值和滑块位置重置为默认值（0，0，0）。

(4) 设置

1) 线性：在一个方向上线性延伸片体的边。

2) 自然：顺着曲面的自然曲率延伸片体的边，选中此单选按钮可增大或减小片体的尺寸。

5. 缝合

缝合命令通过将多个片体的公共边缝合在一起，组成一个整体的片体，封闭的片体经过缝合能够变成实体。【缝合】对话框如图 6.15 所示。

（1）调用命令的方式

1）单击下拉菜单栏中的【菜单】→【插入】→【组合】→【缝合】。

2）单击工具栏的按钮 缝合。

（2）片体　该方式是指将具有公共边或具有一定间隙的两个片体缝合在一起，组成一个整体的片体。当对具有一定缝隙的两个片体进行缝合时，两个片体间的最短距离必须小于缝合的公差值。片体缝合如图 6.16 所示。

（3）实体　该方式用于缝合选择的实体，要缝合的实体必须具有相同形状、面积的表面，该方式尤其适用于无法用【合并】工具进行布尔运算的实体。

图 6.15　【缝合】对话框

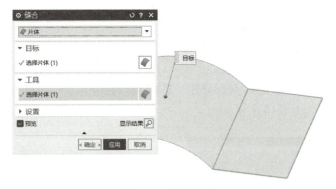

图 6.16　片体缝合

【任务训练】

创建如图 6.17 所示的智能剃须刀三维模型。主要涉及的命令包括通过曲线网格、通过曲线组、修剪片体、投影曲线、旋转、拆分体、缝合、修剪体、偏置曲面等。

图 6.17　智能剃须刀三维模型

操作步骤如下。

1. 智能剃须刀主体外壳制作

1）打开项目三绘制好的剃须刀线架结构文件，如图6.18所示。

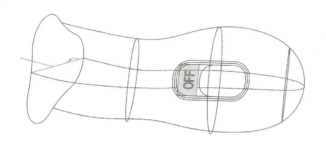

图6.18 剃须刀线架结构

智能剃须刀造型——主体外壳制作

2）单击通过曲线网格按钮 ，创建网格曲面，如图6.19所示，主曲线1为一个交点，交叉曲线1和最后的交叉曲线为同一条曲线，否则会形成开放的曲面。所有主曲线或交叉曲线的方向要一致，否则会产生扭曲。

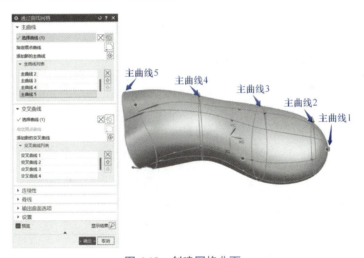

图6.19 创建网格曲面

3）单击草图按钮，选择 XC-YC 平面作为草图平面，进入草图环境，单击投影曲线按钮 投影曲线，选择艺术样条进行投影，单击【确定】按钮，再右击投影好的曲线，将其转换为参考对象。单击偏置按钮 偏置，选择投影好的曲线向右偏置"16"，如图6.20所示。

4）单击拉伸按钮，对第3）步偏置好的曲线进行拉伸，如图6.21所示。

5）单击拆分体按钮 拆分体，选择剃须刀实体，【工具选项】为"新建平面"，距离为"0"。选择第4）步拉伸的片体作为工具，对剃须刀实体进行拆分，如图6.22所示。

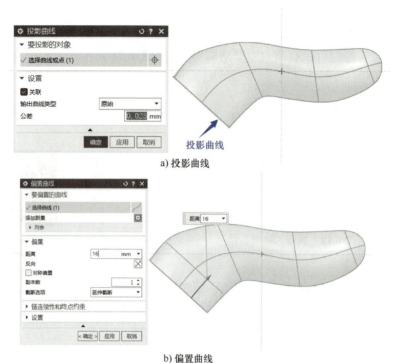

a) 投影曲线

b) 偏置曲线

图 6.20 绘制主体外壳草图

图 6.21 拉伸（1）

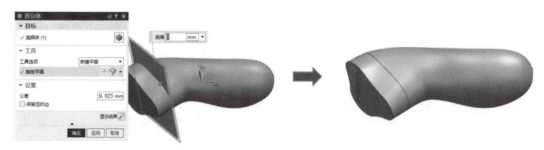

图 6.22 拆分剃须刀实体

2. 智能剃须刀刀头制作

1）隐藏剃须刀的后面部分，单独显示刀头部分。单击拆分体按钮 ● 拆分体，选择刀头，【工具选项】为"新建平面"，距离为"-2"。选择刀头表面作为工具体，对刀头进行拆分，单击【确定】按钮，如图6.23所示。

智能剃须刀造型
——刀头制作

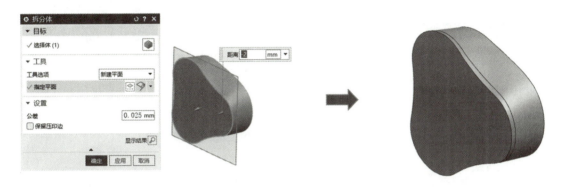

图 6.23 拆分刀头

2）单击工具栏中的偏置面按钮 ● 偏置面，打开【偏置面】对话框，对第1）步拆分后的实体侧面进行偏置，距离为"-2"，如图6.24所示。

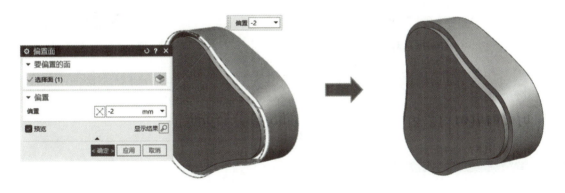

图 6.24 偏置面（1）

3）单击工具栏中的边倒圆按钮 ⬡ ，打开【边倒圆】对话框，设置【半径1】为"2"，选择边缘曲线，单击【确定】按钮，如图6.25所示。
边倒圆

4）单击工具栏中的偏置面按钮 ● 偏置面，打开【偏置面】对话框，选择刀头底面，【偏置】为"0.5"，如图6.26所示。

5）单击工具栏中的抽壳按钮 ⬡ 抽壳，打开【抽壳】对话框，设置【厚度】为"1.5"，选择刀头底面，单击【确定】按钮，如图6.27所示。

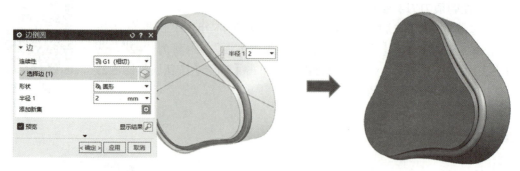

图 6.25 边倒圆（1）

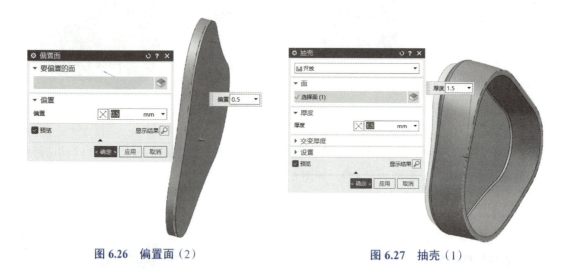

图 6.26 偏置面（2）　　　　　图 6.27 抽壳（1）

6）单击工具栏中的合并按钮 ，打开【合并】对话框，选择刀头部分的两个实体进行合并，如图 6.28 所示。

7）显示刀头部分的线架结构，如图 6.29 所示。

图 6.28 合并（1）　　　　　图 6.29 显示刀头部分的线架结构

项目六　智能剃须刀造型

8）单击工具栏中的旋转按钮 ，打开【旋转】对话框，选择线架结构曲线，以中间直线为矢量方向，指定端点为原点，单击【确定】按钮，如图 6.30 所示。

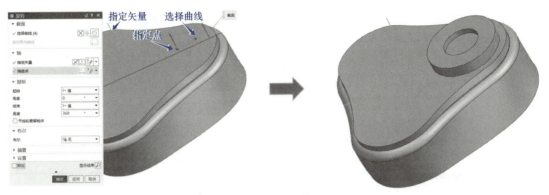

图 6.30　旋转

9）单击工具栏中的拉伸按钮 ，打开【拉伸】对话框，选择表面作为草图平面。绘制拉伸草图，单击【完成草图】，进入【拉伸】对话框，设置【指定矢量】为"YC"，起始距离为"0"，终止距离为"0.5"，【布尔】为"减去"，如图 6.31 所示。

10）单击工具栏中的移动对象按钮 移动对象，打开【移动对象】对话框，选择绘制好的刀头，【运动】选择"角度"，【指定矢量】为中间那条直线，放置点为直线端点，【角度】为 120°，在【结果】中选中【复制原先的】，【非关联副本数】为 2，单击【确定】按钮，如图 6.32 所示。

11）单击工具栏中的合并按钮 ，打开【合并】对话框，选择刀头部分的所有实体进行合并，如图 6.33 所示。

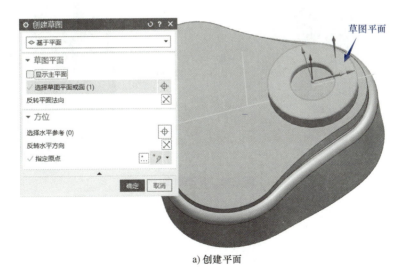

a）创建平面

图 6.31　绘制草图与拉伸

195

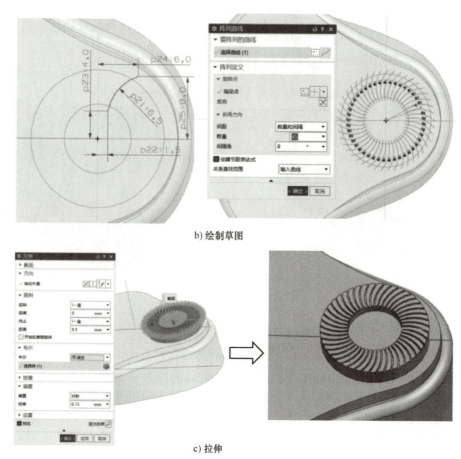

b) 绘制草图

c) 拉伸

图 6.31 绘制草图与拉伸（续）

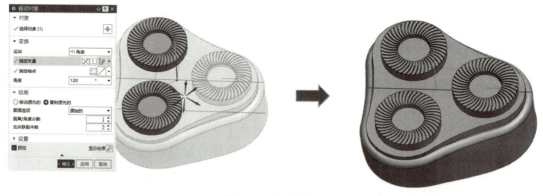

图 6.32 移动对象

12）单击工具栏中的边倒圆按钮 _{边倒圆}，打开【边倒圆】对话框，设置【半径 1】为 0.5，选择边缘曲线，单击【确定】按钮，如图 6.34 所示。

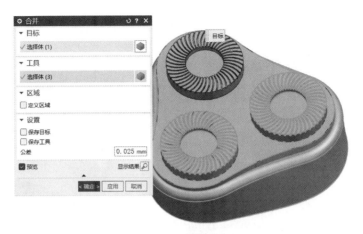

图 6.33 合并（2）

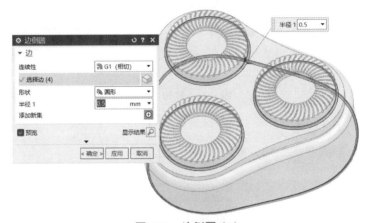

图 6.34 边倒圆（2）

13）单击工具栏中的边倒圆按钮 ，打开【边倒圆】对话框，设置【半径 1】为 1，选择边缘曲线，单击【确定】按钮，如图 6.35 所示。

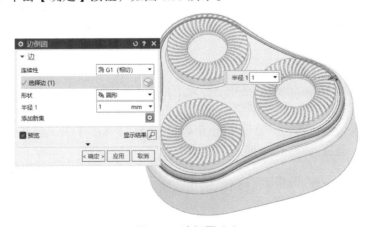

图 6.35 边倒圆（3）

14）单击工具栏中的拉伸按钮 拉伸，打开【拉伸】对话框，选择刀头边缘线，设置【指定矢量】为"-YC"，起始距离为"0"，终止距离为"3"，【布尔】为"减去"，【偏置】为"对称"，【结束】为0.75，完成剃须刀刀头的制作，如图6.36所示。

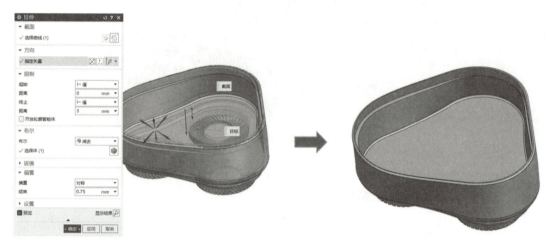

图6.36 拉伸（2）

3. 智能剃须刀手柄制作

1）单独显示手柄部件的结构，如图6.37所示。

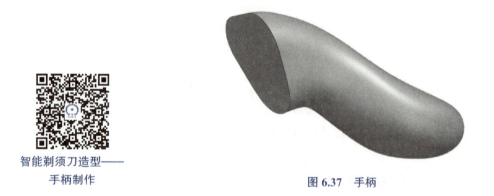

智能剃须刀造型——
手柄制作

图6.37 手柄

2）单击工具栏中的拉伸按钮 拉伸，打开【拉伸】对话框，选择实体边缘，设置【指定矢量】为【法向】，起始距离为"0"，终止距离为"2.8"，【布尔】为"合并"，【偏置】为"单侧"，【结束】为"-1"，如图6.38所示。

3）单击边倒圆按钮 边倒圆，选择手柄边缘进行倒圆角，【半径1】为"2"，如图6.39所示。

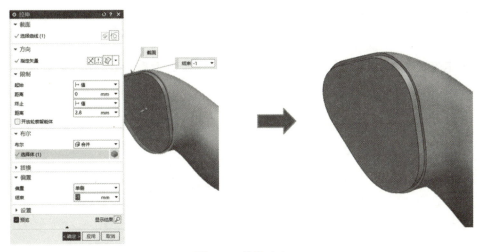

图 6.38 拉伸（3）

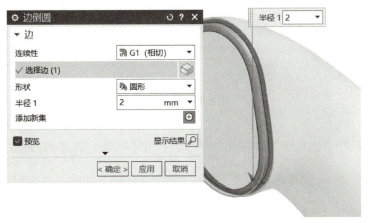

图 6.39 边倒圆（4）

4）单击工具栏中的投影曲线按钮 ，打开【投影曲线】对话框，选择艺术样条，【指定平面】为"XC-YC 平面"，【指定矢量】为"-ZC"，单击【确定】按钮，如图 6.40 所示。

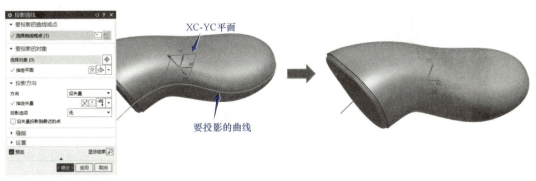

图 6.40 投影曲线（1）

5）单击工具栏中的拉伸按钮 ，打开【拉伸】对话框，选择第 4）步投影的曲线，设置【指定矢量】为"ZC"，【宽度】为"对称值"，【距离】为"90"，【布尔】为"无"，如图 6.41 所示。

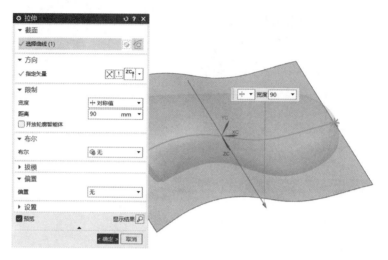

图 6.41 拉伸（4）

6）单击工具栏中的延伸片体按钮 ，打开【延伸片体】对话框，【限制】为"偏置"，【偏置】为"20"，选择曲面边缘，单击【确定】按钮，如图 6.42 所示。

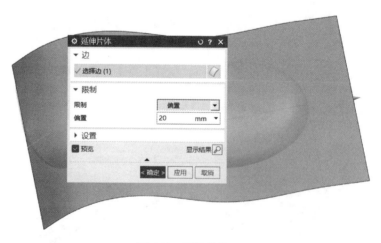

图 6.42 延伸片体

7）单击拆分体按钮 拆分体，选择手柄，【工具选项】为"面或平面"，选择曲面作为工具，对手柄进行拆分，单击【确定】按钮，如图 6.43 所示。

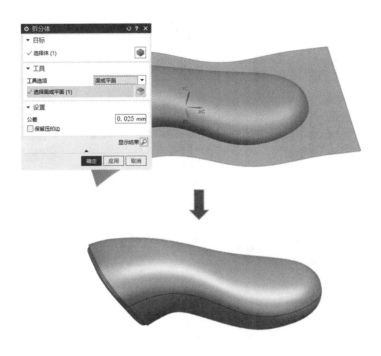

图 6.43 拆分

8）单击工具栏中的抽壳按钮 抽壳，打开【抽壳】对话框，设置【厚度】为"1.5"，分别对手柄上下盖进行抽壳，如图 6.44 所示。

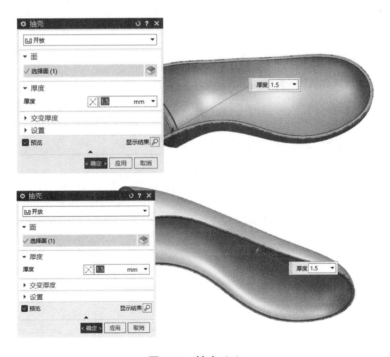

图 6.44 抽壳（2）

9）单击工具栏中的拉伸按钮，打开【拉伸】对话框，选择艺术样条，设置【指定矢量】为【法向】，起始距离为"-0.1"，终止距离为"1"，【布尔】为【无】，【偏置】为"两侧"，【开始】为"-0.75"，【结束】为"-1.5"，如图 6.45 所示。

图 6.45 拉伸（5）

10）单击修剪体按钮，选择第 9）步拉伸的实体，【工具选项】为"新平面"，距离为"0"，选择手柄下盖实体表面作为工具，进行修剪，单击【确定】按钮，如图 6.46 所示。

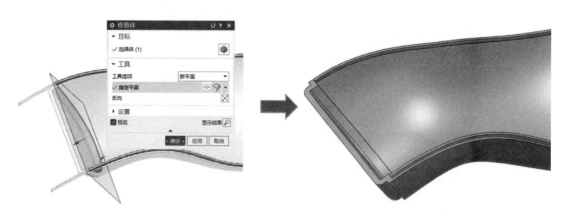

图 6.46 修剪体

11）单击工具栏中的合并按钮，打开【合并】对话框，选择手柄下盖与第 10）步创建的实体进行合并，如图 6.47 所示。

图 6.47　合并（3）

12）单击工具栏中的减去按钮 ，打开【减去】对话框，选择手柄上盖与下盖进行减去，勾选【保存工具】复选按钮，如图 6.48 所示。

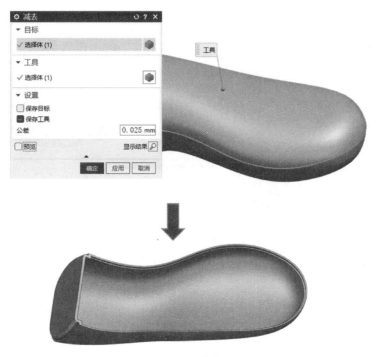

图 6.48　减去

13）在智能剃须刀手柄制作完毕后，对其颜色进行修改，如图 6.49 所示。

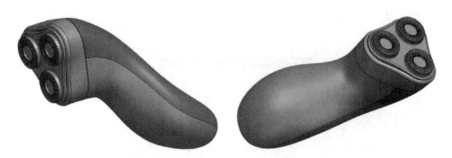

图 6.49　智能剃须刀手柄

4. 智能剃须刀开关按钮制作

1）单独显示手柄下盖和开关按钮的线架结构，如图 6.50 所示。

2）单击工具栏中的偏置曲面按钮 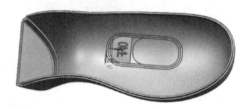，打开【偏置曲面】对话框，选择手柄下盖表面，依次偏置两个曲面，距离分别为"0"和"2"，单击【确定】按钮，如图 6.51 所示。

图 6.50　手柄下盖和开关按钮的线架结构

智能剃须刀造型——开关按钮制作

图 6.51　偏置曲面（1）

3）单独显示第 2）步偏置的曲面和开关按钮的线架结构，如图 6.52 所示。

图 6.52　曲面及线架结构

4）单击工具栏中的修剪片体按钮，打开【修剪片体】对话框，目标对象选择最外面的曲面，边界对象选择中间的 U 形线架结构，【投影方向】为"沿矢量",【指定矢量】为"-YC",单击【确定】按钮,如图 6.53 所示。

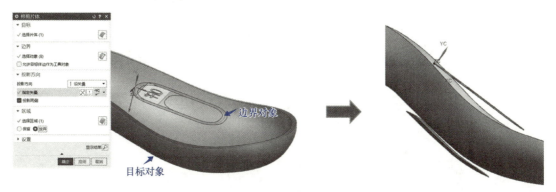

图 6.53　修剪片体（1）

5）单击工具栏中的修剪片体按钮，打开【修剪片体】对话框，目标对象选择最里面的曲面，边界对象选择外部的 U 形线架结构，【投影方向】为"沿矢量",【指定矢量】为"-YC",单击【确定】按钮,如图 6.54 所示。

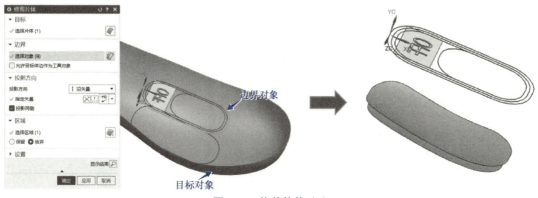

图 6.54　修剪片体（2）

6）单击工具栏中的通过曲线组按钮，打开【通过曲线组】对话框，依次选择两个曲面边缘作为第一截面和最后截面，设置相关参数，单击【确定】按钮，如图6.55所示。

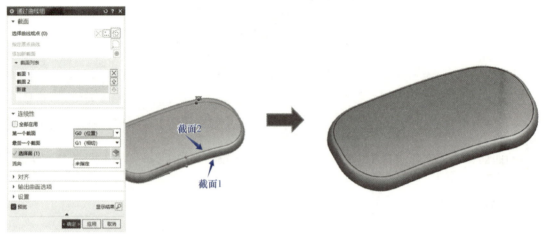

图6.55 通过曲线组

7）单击工具栏中的缝合按钮，打开【缝合】对话框，依次选择前面创建的三个曲面，将它们缝合成一个实体，单击【确定】按钮，如图6.56所示。

图6.56 缝合

8）单击工具栏中的偏置曲面按钮，打开【偏置曲面】对话框，选择第7）步缝合成的实体的表面，【偏置1】为"0"，单击【确定】按钮，如图6.57所示。

9）单击工具栏中的修剪片体按钮，打开【修剪片体】对话框，目标对象选择第8）步偏置的曲面，边界对象选择U形线架结构，【投影方向】为"沿矢量"，【指定矢量】为"-YC"，单击【确定】按钮，如图6.58所示。

图 6.57 偏置曲面（2）

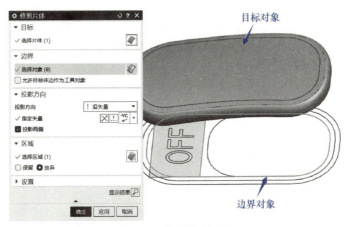

图 6.58 修剪片体（3）

10）单击工具栏中的加厚按钮 加厚，打开【加厚】对话框，选择第9）步修剪的片体，【偏置1】为"-1"，【布尔】为"减去"，单击【确定】按钮，如图 6.59 所示。

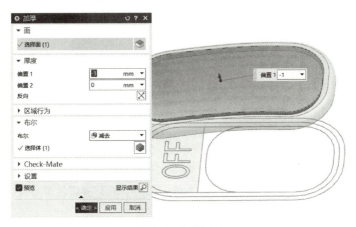

图 6.59 加厚（1）

11）把开关按钮实体隐藏，留出前面偏置的曲面，单击工具栏中的修剪片体按钮 ，打开【修剪片体】对话框，目标对象选择第 10）步偏置的曲面，边界对象选择最里面的线架结构，【投影方向】为"沿矢量"，【指定矢量】为"-YC"，单击【确定】按钮，如图 6.60 所示。

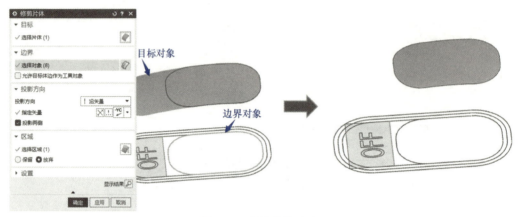

图 6.60　修剪片体（4）

12）显示开关按钮实体，单击工具栏中的加厚按钮 加厚，打开【加厚】对话框，选择第 11）步修剪的片体，【偏置 1】为"-1"，【布尔】为"无"，单击【确定】按钮，如图 6.61 所示。

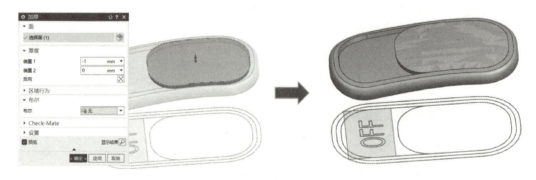

图 6.61　加厚（2）

13）单击工具栏中的投影曲线按钮 投影曲线，打开【投影曲线】对话框，选择 OFF 文本，设置相关参数，单击【确定】按钮，如图 6.62 所示。

14）单击工具栏中的偏置曲面按钮 偏置曲面，打开【偏置曲面】对话框，选择曲面，【偏置 1】为"0"，单击【确定】按钮，如图 6.63 所示。

图 6.62 投影曲线（2）

15）单击工具栏中的修剪片体按钮 ，打开【修剪片体】对话框，目标对象选择第 14）步偏置的曲面，边界对象选择 OFF 文本，【投影方向】为"沿矢量",【指定矢量】为 "-YC"，单击【确定】按钮，如图 6.64 所示。

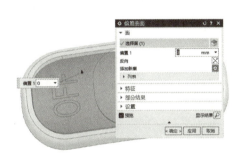

图 6.63 偏置曲面（3）

图 6.64 修剪片体（5）

16）单击工具栏中的加厚按钮 加厚，打开【加厚】对话框，选择第 15）步修剪的片体,【偏置 1】为"-0.3"，依次选择 OFF 文本进行加厚,【布尔】为"减去"，单击【确定】按钮，如图 6.65 所示。

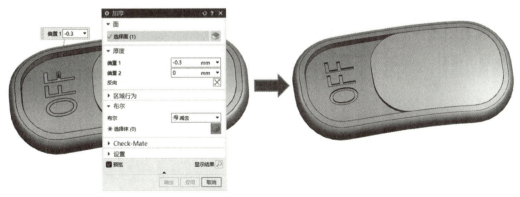

图 6.65 加厚（3）

17）智能剃须刀制作完毕，对其颜色进行修改，如图 6.66 所示。

图 6.66　完成的智能剃须刀

【课后习题】

1. 思考题

（1）通过曲线组命令和通过曲线网格命令有什么不同？应当如何使用通过曲线网格命令？

（2）简述修剪片体的操作方法。其注意事项是什么？

2. 练习题

用所学的命令画出图 6.67 所示的图形。

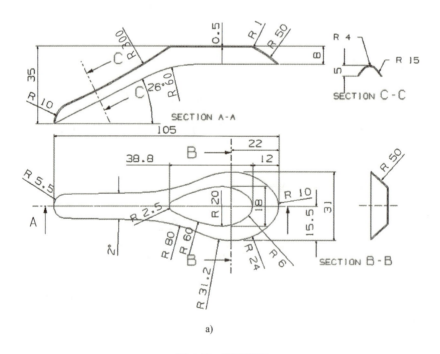

a)

图 6.67　练习题图

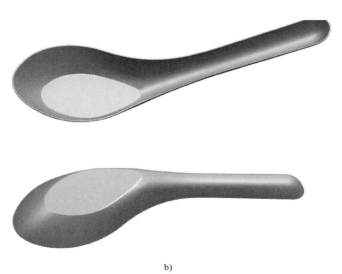

b)

图 6.67 练习题图（续）

项目七

吸尘器盖工程图

【项目描述】

本项目主要学习多种创建视图的方法及尺寸标注的方法，包括基本视图、剖视图、视图对齐、尺寸标注等命令（有些命令默认不显示，可从【定制】或【命令查找器】里调出）的应用。

【学习目标】

- 知识目标
  ◎ 熟悉 UG NX 视图的创建方法及标注。
  ◎ 掌握剖视图的表达。
- 情感目标
  ◎ 提高创建工程图的能力。
  ◎ 激发学习的积极性及创新思维。
  ◎ 培养学生的合作精神和分享意见的能力。

【学习任务】

创建工程图

【知识链接】

一、工程图的管理

在 UG NX 环境中，任何一个三维模型都可以用不同的投影方法、不同的图样尺寸和不同的比例建立多张二维工程图。工程图管理功能包括新建工程图、打开工程图、编辑工程图和删除工程图这几个基本功能。

1. 新建工程图

进入工程图功能时，系统会按默认设置，自动新建一张工程图，其图名默认为 SHT1。系统自动生成的工程图的设置不一定理想，因此，在添加视图前，用户最好新建一张工程图，按输出三维实体的要求来指定工程图的名称、图幅大小、绘图单位、视图默认比例和投影角度等工程图参数，【图纸页】对话框如图 7.1 所示。

（1）调用命令的方式

1）单击下拉菜单栏中的【主页】→【新建图纸页】。

2）单击工具栏的按钮 。

图 7.1 【图纸页】对话框

（2）大小

1）使用模板：选中该单选按钮后，用户可以根据自己的习惯提前创建好一些常用的模板，以便使用时直接调用。系统默认有两种类型的模板，即无视图模板和有视图模板。

无视图模板在调用后只有标题栏而没有视图，如图 7.2 所示。

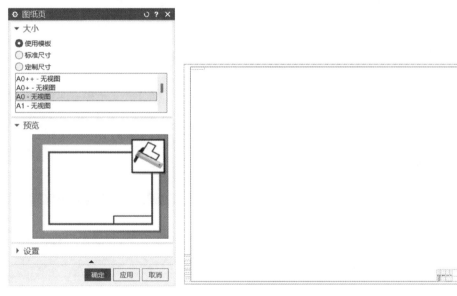

图 7.2 无视图模板

2）标准尺寸：选中该单选按钮后，用户可以根据产品的大小合理选择国家标准规定的图幅大小，系统提供了 A4、A3、A2、A1 和 A0 共 5 种图幅，如图 7.3 所示。

3）定制尺寸：选中该单选按钮后，用户可以通过在【高度】和【长度】文本框中直接输入数值来自定义图幅的大小，如图 7.4 所示。

图 7.3　标准尺寸

图 7.4　定制尺寸

4)【比例】下拉列表框：该下拉列表框可为添加到图样中的所有视图设定比例。这里可以直接选择我国国家标准规定的一系列比例，也可以根据用户的实际需要自定义比例，如图 7.5 所示。

（3）名称　可以在该选项卡的文本框中输入图样名以指定新图样的名称。默认的图样名是 SHT1。

注意：图样名最多可以包含 30 个字符，但不允许使用空格，并且所有名称中的字母都会自动转换为大写。

（4）设置

1) 单位：用户可以在此处设置单位为毫米或英寸（1 英寸 =25.4 毫米）。

2) 投影法：用于指定投影方式为第一视角投影方式 或第三视角投影方式 。我国国家标准规定的投影方式为第一视角投影。

设置完以上参数，单击【确定】按钮即可完成新工程图的创建。

2. 打开工程图

对于同一个实体模型，如果采用不同的投影方法、不同的图幅尺寸和视图比例建立了多张二维工程图，当要编辑其中某张工程图时，必须先将其在绘图区中打开，【打开图纸页】对话框如图 7.6 所示。

图 7.5　【比例】下拉列表框

图 7.6　【打开图纸页】对话框

项目七 吸尘器盖工程图

（1）调用命令的方式 单击工具栏的按钮 。

（2）操作过程 用户选择要打开的工程图，单击【确定】按钮，即可完成打开工程图的操作。

3. 编辑工程图

在工程图的绘制过程中，如果工程图的格式设置不能满足要求，则需要对工程图进行编辑操作。

（1）调用命令的方式

1）单击下拉菜单栏中的【编辑】→【编辑图纸页】。

2）单击工具栏的按钮 编辑图纸页 。

（2）操作过程 单击工具栏中的编辑图纸页按钮，会弹出图 7.7 所示的【图纸页】对话框。可按前面介绍的建立工程图的方法，在对话框中修改已有工程图的名称、尺寸、比例和单位等参数。完成修改后，系统就会使用新的工程图参数来更新已有的工程图。在编辑工程图时，投影角度参数只能在没有产生投影视图的情况下被修改。

图 7.7 【图纸页】对话框

二、工程图首选项设置

在创建工程图之前，一般需要对工程图的参数进行预设置，以避免后续的大量修改工作，从而提高工作效率。通过工程图参数的预设置，可以控制箭头的大小和形式、线条的粗细、不可见线的显示与否、标注的样式和字体大小等。但这些预设置只对当前文件和以后添加的视图有效，而对于在设置之前添加的视图则需要通过视图编辑来修改。

1. 可视化设置

单击【首选项】→【可视化】，弹出【可视化首选项】对话框，在对话框中单击【颜色】→【图纸布局】，取消勾选【单色显示】复选按钮，如图 7.8 所示。

图 7.8 【可视化首选项】对话框

215

（1）调用命令的方式
1）单击下拉菜单栏中的【菜单】→【首选项】→【可视化】。
2）单击工具栏的按钮。
（2）显示效果　显示效果如图7.9所示。

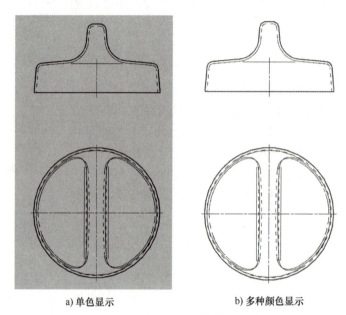

a) 单色显示　　　　b) 多种颜色显示

图7.9　显示效果

2. 制图设置

单击【首选项】→【制图】，系统会弹出【制图首选项】对话框，如图7.10所示。

图7.10　【制图首选项】对话框

(1) 调用命令的方式

1) 单击下拉菜单栏中的【菜单】→【首选项】→【制图】。

2) 单击工具栏的按钮 制图。

(2) 显示边界设置　若想去除每个视图上的边界，可在【图纸视图】中取消勾选【显示】复选按钮，效果如图 7.11 所示。

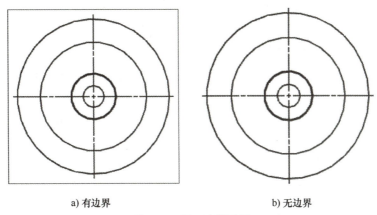

a) 有边界　　　　　　　　b) 无边界

图 7.11　显示边界设置

3. 注释设置

注释设置主要是指对文字、直线/箭头、注释和尺寸进行相关参数的设置，如图 7.12 所示。

图 7.12　注释设置

(1) 调用命令的方式

1) 单击下拉菜单栏中的【菜单】→【首选项】→【制图】。

2) 单击工具栏的按钮 制图。

(2)【文字】首选项 根据图样以及产品的大小,用户可以在此处设置文字的大小,包括尺寸、附加文本、公差和常规文字。同理,用户也可以使用【尺寸】【直线/箭头】等来设置尺寸的精度、公差及放置形式,直线/箭头的形式和大小,单位,直径和半径的符号及其他参数,如图 7.13 所示。

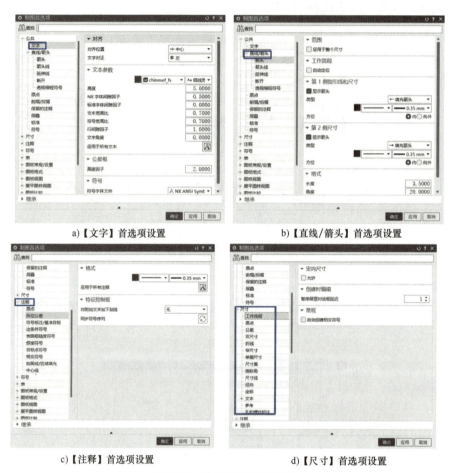

a)【文字】首选项设置 b)【直线/箭头】首选项设置

c)【注释】首选项设置 d)【尺寸】首选项设置

图 7.13 注释设置具体内容

4. 剖切线设置

单击【首选项】→【制图】,系统会弹出【制图首选项】对话框,选择【图纸视图】-【剖切线】,如图 7.14 所示。

(1)调用命令的方式

1)单击下拉菜单栏中的【菜单】→【首选项】→【制图】。

2)单击工具栏的按钮 制图。

(2)作用 通过设置剖切线的相关参数,既可以控制以后添加到图样中的剖切线的显示,也可以修改现有的剖切线。

5. 视图设置

单击【首选项】→【制图】,系统会弹出【制图首选项】对话框,选择【图纸视图】-

【公共】，如图 7.15 所示。

图 7.14 剖切线设置

图 7.15 视图设置

（1）调用命令的方式

1）单击下拉菜单栏中的【菜单】→【首选项】→【制图】。

2）单击工具栏的按钮 制图。

（2）可见线 选择【可见线】选项卡，如图 7.16 所示，可以将可见线设置为粗实线。

视图设置

图 7.16 可见线

（3）隐藏线 选择【隐藏线】选项卡，可以将隐藏线（不可见线）设置为不可见或以虚线显示，同样可以设置线宽，如图 7.17 所示。

（4）光顺边 选择【光顺边】选项卡，如图 7.18 所示，取消勾选【显示光顺边】复选按钮就可去除光滑过渡边。该设置主要用于一些标准件的工程图，国标规定一些过渡边需要去除。

图 7.17 隐藏线

a)【光顺边】选项卡

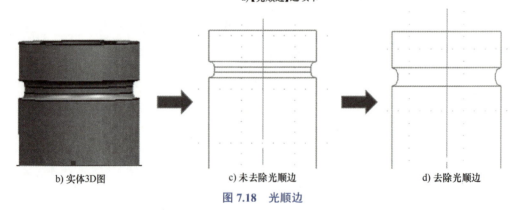

b) 实体3D图　　　　　c) 未去除光顺边　　　　　d) 去除光顺边

图 7.18 光顺边

三、视图

在工程图中，视图是描述三维实体模型的主要方式，一个完整的工程图往往包含多种视图，如基本视图、投影视图、局部放大图和剖视图等。

1. 基本视图

基本视图是工程图中最重要的视图，一个工程图至少要包含一个基本视图，【基本视图】对话框如图 7.19 所示。

（1）调用命令的方式

1）单击下拉菜单栏中的【菜单】→【插入】→【视图】→【基本】。

2）单击工具栏的按钮 。

基本视图

（2）打开　单击打开按钮可以选择未加载的模型文件，如图 7.20 所示。

图 7.19　【基本视图】对话框

图 7.20　选择未加载的模型文件

（3）指定位置　在图形区的适当位置单击鼠标左键即可完成一个视图的放置。

（4）模型视图　该选项卡用于选择需要添加的模型视图类型，系统提供了 8 种模型视图类型，如图 7.21 所示。

（5）比例　在此处可以指定一个绘图比例。

（6）设置　单击该按钮 ，系统会弹出【视图参数设置】，不同的是该选项只是对当前添加的视图的样式进行设置，一旦退出该对话框，则对以后添加的视图不起作用。

2. 投影视图

通常，单一的基本视图无法将实体模型的形状特征完全表达清楚，因此在添加基本视图后，往往还需要添加投影视图来补充表达实体模型的形状及结构特征，【投影视图】

图 7.21　模型视图

对话框如图 7.22 所示。

（1）调用命令的方式

1）单击下拉菜单栏中的【菜单】→【插入】→【视图】→【投影】。

2）单击工具栏的按钮 。

（2）投影视图操作

1）基本视图创建完成后，系统会自动弹出【投影视图】对话框。

2）若创建基本视图后关闭了【投影视图】对话框，可单击工具栏中的投影视图按钮来创建投影视图。

（3）投影视图的创建步骤

1）选择【父视图】。单击选择视图图标就可以重新选择父视图进行投影。若不单击该图标，系统将默认父视图是上一步添加的视图。

2）指定铰链线（铰链线垂直于投影方向），如图 7.23 所示。

图 7.22 【投影视图】对话框

图 7.23 指定铰链线

① 【矢量选项】下拉列表框用于选择铰链线的指定方式。

"自动判断"选项：该选项是系统默认的，铰链线可以在任意方向。

"已定义"选项：选中该选项后，系统会提供矢量构造器，用于让用户指定铰链线的具体方向。

② 反转投影方向：若单击该按钮，则将投影方向变成反向。

（4）放置投影视图 在绘图区的适当位置单击鼠标左键即可完成一个投影视图的放置。

3. 局部放大图

局部放大图用于表达视图的细微结构，并可以对任何视图进行局部放大，【局部放大图】对话框如图 7.24 所示。

(1) 调用命令的方式

1) 单击下拉菜单栏中的【菜单】→【插入】→【局部放大图】。

2) 单击工具栏的按钮 。

(2) 类型　在此处可以指定父视图上放置的标签形状。

1) 圆形：创建有圆形边界的局部放大图。

2) 按拐角绘制矩形：通过选择对角线上的两个拐角点创建矩形局部放大图边界。

3) 按中心和拐角绘制矩形：通过选择一个中心点和一个拐角点创建矩形局部放大图边界。

(3) 边界　此处可以在父视图上指定要放大的区域边界。

1) 指定中心点：定义圆形边界的中心。

2) 指定边界点：定义圆形边界的半径。

(4) 父视图　在此处可以选择一个父视图。

(5) 原点

1) 指定位置：指定局部放大图的位置。

2) 放置：指定所选视图的放置。

3) 移动视图：在操作局部放大图的过程中移动现有视图。

(6) 比例　系统默认局部放大图的比例因子大于父视图的比例因子。要想更改默认的视图比例，可在【比例】下拉列表框中选择一个选项。

(7) 父项上的标签　此处可以指定父视图上放置的标签形式。系统给定了7种标签形式，如图7.25所示。

图 7.24 【局部放大图】对话框

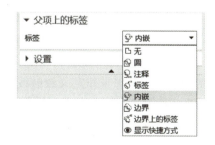

图 7.25 标签形式

(8) 局部放大图的创建

1) 首先设置好相关参数，如图7.26a所示。

2) 在绘图区定义边界。例如，定义圆形边界，先在父视图上要放大的区域中选择一点作为圆心，然后移动鼠标，待圆形边界的大小符合用户要求时，单击鼠标左键即可完成边界的定义。

3）设置放大比例。

4）放置局部放大图。移动鼠标，将图形放在适当位置后单击鼠标左键，如图 7.26b 所示。

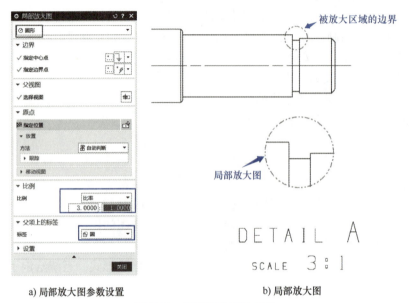

a) 局部放大图参数设置　　　　　　　b) 局部放大图

图 7.26　局部放大图的创建

4. 全剖视图

全剖视图用于绘制单一剖切面的剖视图。

（1）调用命令的方式

1）单击下拉菜单栏中的【菜单】→【插入】→【视图】→【剖视图】。

2）单击工具栏的按钮　。

（2）操作过程　下面以图 7.27 所示实例讲述创建全剖视图中简单剖切的操作过程。

1）单击【剖视图】按钮　，弹出如图 7.28a 所示的对话框。

2）选择父视图：选择图 7.27 中的俯视图作为父视图。

3）定义剖切位置：系统会自动定义一条铰链线，用户可直接捕捉图 7.27 所示半圆的圆心作为剖切位置。若想重新定义铰链线，则将【矢量选项】更改为"已定义"，并单击【矢量】对话框（见图 7.28b），在【矢量】对话框的下拉列表框中选择铰链线的方向。如果需要改变投影方向，可单击【反转剖切方向】按钮　。

4）放置全剖视图：移动鼠标，将图形放在适当位置后单击鼠标左键。

（3）下面以图 7.29 所示实例讲述创建全剖视图中阶梯剖切的操作过程。阶梯剖切用来剖切位于几个互相平行的平面上的机件内部结构。

1）单击剖视图按钮　，弹出如图 7.28 所示的对话框。

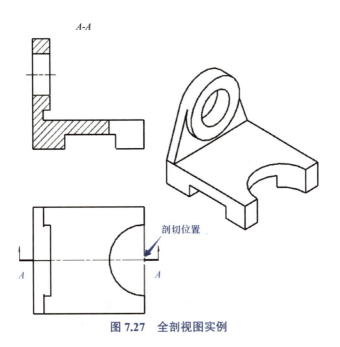

图 7.27　全剖视图实例

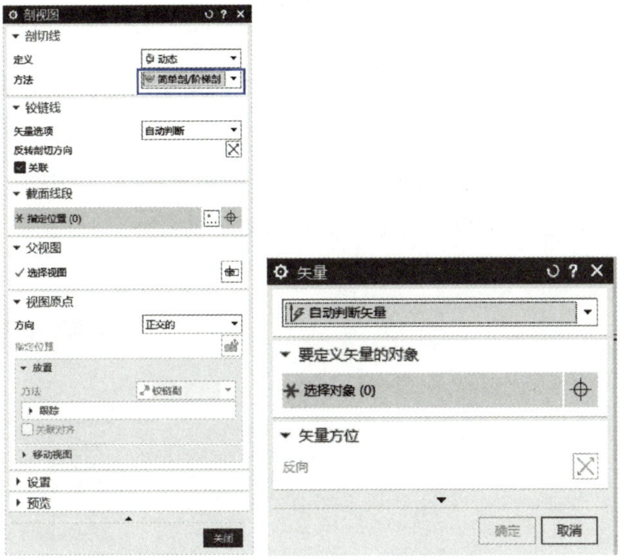

| a)【剖视图】对话框 | b)【矢量】对话框 |

图 7.28　全剖视图相关对话框

2）选择父视图：选择图 7.29 中的主视图作为父视图。

3）定义第一剖切位置：直接在图 7.29 中的主视图上捕捉圆 1 的圆心作为第一剖切位置。

4）定义第二剖切位置：移动鼠标使得铰链线水平后，单击【截面线段】中的指定位置按钮，然后捕捉图 7.29 中的圆 2 的圆心作为第二剖切位置。

5）定义第三剖切位置。直接在图 7.29 中的主视图上捕捉圆 3 的圆心作为第三剖切位置。

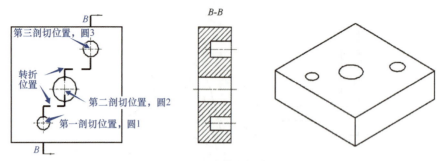

图 7.29 阶梯剖切实例

6)放置阶梯剖切视图:单击放置视图按钮 ,移动鼠标,将图形放在适当位置后单击鼠标左键。

5. 半剖视图

如果机件具有对称性,其在垂直于对称平面的投影面上的投影,可以以对称中心线为界,一半画成剖视图,另一半画成视图,这种组合的图形称为半剖视图。在半剖视图中,由于剖切段与所定义的铰链线平行,因此,半剖视图类似于简单剖切和阶梯剖切视图,其截面线符号只包含一个箭头、一个折弯和一个剖切段。

(1)调用命令的方式

1)单击下拉菜单栏中的【菜单】→【插入】→【视图】→【剖视图】。

2)单击工具栏的按钮 。

(2)操作过程 下面以图 7.30 所示实例来讲述创建半剖视图的操作过程。

1)单击剖视图按钮 ,弹出如图 7.31 所示的对话框。

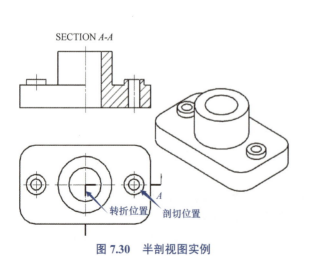

图 7.30 半剖视图实例

图 7.31 创建半剖视图的对话框

2)选择父视图:选择图 7.30 中的俯视图作为父视图。

3)定义剖切位置:直接以图 7.30 中的右边圆的圆心作为剖切位置。

4)定义折弯位置:在图 7.30 中的俯视图上捕捉中间圆的圆心作为折弯位置。

5)放置半剖视图。移动鼠标,将图形放在适当位置后单击鼠标左键。

6. 旋转剖视图

旋转剖视图使用两个成自定义角度的剖切面剖开特征模型,以便表达特征模型的内部形状。

(1)调用命令的方式

1)单击下拉菜单栏中的【菜单】→【插入】→【视图】→【剖视图】。

2)单击工具栏的按钮 ▨ 。

(2)操作过程　下面以图 7.32 所示实例来讲述创建旋转剖视图的操作过程。

1)单击剖视图按钮 ▨ ,弹出如图 7.33 所示的对话框。

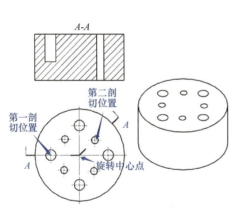

图 7.32　旋转剖视图实例

图 7.33　创建旋转剖视图的对话框

2)选择父视图:选择图 7.32 中的俯视图作为父视图。

3)定义旋转点:在图 7.32 中的俯视图上捕捉中间圆的圆心作为旋转中心点。

4)定义第一剖切位置:直接以图 7.32 中的左边大圆的圆心作为剖切位置。

5)定义第二剖切位置:直接以图 7.32 中的右边小圆的圆心作为剖切位置。

6)放置旋转剖视图:移动鼠标,将图形放在适当位置后单击鼠标左键。

7. 局部剖视图

局部剖视图是通过移去模型的一个局部区域来观察模型内部而得到的视图。通过一个封闭的局部剖切曲线环来定义区域,局部剖视图与其他剖视图不一样,它在原来的视图上进行剖切,而不是新生成一个剖视图,【局部剖】对话框如图 7.34 所示。

(1) 调用命令的方式

1) 单击菜单栏中的【菜单】→【插入】→【视图】→【局部剖】。

2) 单击工具栏的按钮 。

(2) 操作过程　下面以图 7.35 所示实例来讲述创建局部剖视图的操作过程。

图 7.34　【局部剖】对话框

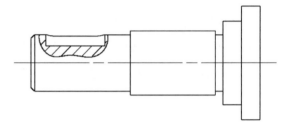

图 7.35　局部剖视图实例

1) 展开。将鼠标指针放在如图 7.36 所示的视图边框以内右击, 在弹出的快捷菜单中选择【展开】。

2) 绘制如图 7.37 所示的艺术样条。单击工具栏中的艺术样条按钮, 弹出如图 7.38 所示的对话框, 将【次数】改为"5", 勾选【封闭】复选按钮, 绘制如图 7.36 所示的艺术样条 (**注意**: 艺术样条要画在视图边框以内), 单击【确定】按钮。

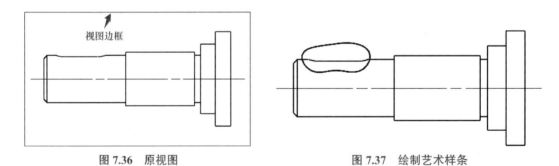

图 7.36　原视图　　　　　　　　　　图 7.37　绘制艺术样条

3) 退出展开模式。将鼠标指针放在如图 7.36 所示的视图边框内右击, 在弹出的快捷菜单中选择【展开】。

4) 单击局部剖按钮, 弹出图 7.34 所示对话框。

5) 选择需要生成局部剖视图的视图, 即选择图 7.37 所示视图。

6) 定义基点。选择图 7.39 中指出的端点作为基点。

7) 定义拉伸矢量, 即接受系统默认的矢量, 直接按下鼠标滚轮接受。

8) 选择剖切线, 即选择艺术样条。

9) 单击【确定】按钮, 完成图 7.35 所示局部剖视图的创建。

图 7.38 实例中打开的
【艺术样条】对话框

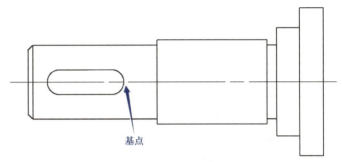

图 7.39 定义基点

四、编辑视图

1. 更新视图

当三维图形有了更改时,之前添加的二维工程图不会自动更新,只有单击更新视图按钮后才可更新视图,【更新视图】对话框如图 7.40 所示。

(1) 调用命令的方式

1) 单击下拉菜单栏中的【菜单】→【编辑】→【视图】→【更新】。

2) 单击工具栏的按钮 ![更新视图] 。

(2) 操作过程 单击工具栏中的更新视图按钮,系统会弹出如图 7.40 所示的【更新图】对话框。系统会自动选择当前图样页面上的所有视图,如果只想选择其中某一个视图进行更新,可以在【视图列表】中选择,也可以在绘图区直接选择要更新的视图,然后单击【确定】按钮即可。

2. 视图对齐

视图对齐是指选择一个视图作为参照,使其他视图以参照视图为准,进行水平、竖直或其他方向的对齐,【视图对齐】对话框如图 7.41 所示。

(1) 调用命令的方式

1) 单击下拉菜单栏中的【编辑】→【视图】→【对齐】。

2) 单击工具栏的按钮 ![视图对齐] 。

视图对齐

图 7.40 【更新视图】对话框

图 7.41 【视图对齐】对话框

（2）操作过程　单击【编辑】→【视图】→【对齐】，系统会弹出如图 7.41 所示的【视图对齐】对话框。选择基准视图，如图 7.42 所示，然后在【视图对齐】对话框中的【方法】下拉列表框中选择"竖直"，再选择基准视图，单击【确定】按钮，最终效果如图 7.42 所示。

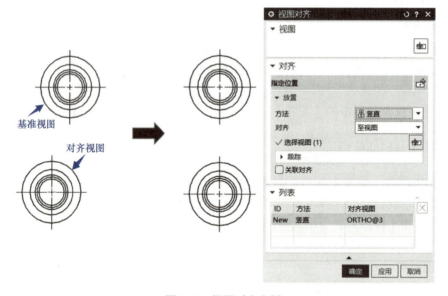

图 7.42 视图对齐实例

3. 移动/复制视图

工程图中任何视图的位置都是可以改变的，其中移动/复制视图的操作即可以改变视图在图形窗口中的位置，二者的不同之处在于，移动视图操作会将原视图直接移动到指定的位置，复制视图操作会在原视图的基础上新建一个副本，并将该副本移动到指定的位置，【移动/复制视图】对话框如图 7.43 所示。

(1) 调用命令的方式

1) 单击下拉菜单栏中的【菜单】→【编辑】→【视图】→【移动/复制】。

2) 单击工具栏的按钮 移动/复制视图 。

图 7.43 【移动/复制视图】对话框

(2)【至一点】按钮 单击该按钮表示可以将视图移动或复制到任意位置。

(3)【水平】按钮 单击该按钮表示只能在水平方向移动或复制视图。

(4)【竖直】按钮 单击该按钮表示只能在竖直方向移动或复制视图。

(5)【垂直于直线】按钮 单击该按钮后，需要在视图中选取一条直线作为参考线，然后就可以将视图沿该参考线移动或复制。

(6)【至另一图纸】按钮 在绘图区存在多张工程图时，单击该按钮可以将所选视图移动或复制到另一张工程图中。

五、工程图标注

工程图中的视图主要描述了零部件的形状及位置关系，但一幅可以作为加工依据的工程图还应包括可以完整地表达出零部件尺寸、几何公差和表面粗糙度等重要信息的尺寸标注。

1. 尺寸标注

视图的尺寸标注主要通过【尺寸】工具栏中的工具来实现，这些工具的类型及使用方法与草图模式中的尺寸约束相似，不同的是在视图中不可以对模型的实际尺寸进行更改，【尺寸】工具栏如图 7.44 所示。

尺寸标注

(1) 调用命令的方式

1) 单击下拉菜单栏中的【菜单】→【插入】→【尺寸】。

2) 单击工具栏的按钮 快速尺寸 。

(2) 操作过程 在【尺寸】工具栏中选择任意一个尺寸标注类型后，系统将弹出如图 7.45 所示的【自动判断的尺寸】对话框。

1) ×▼：用于设置尺寸标注的公差形式。

2) X.XX▼：用于设置尺寸精度。

3) A：用于添加注释文本。单击该按钮，系统会弹出如图 7.46 所示的【附加文本】对话框。

图 7.44 【尺寸】工具栏

图 7.45 【自动判断的尺寸】对话框

对话框中的【文本位置】下拉列表框用来指定目前所添加的文本应放在已标注尺寸的哪个位置。

① ⇦ 之前：表示当前所添加的文本放在已标注尺寸的前面。

② ⇨ 之后：表示当前所添加的文本放在已标注尺寸的后面。

③ ⇧ 上面：表示当前所添加的文本放在已标注尺寸的上面。

④ ⇩ 下面：表示当前所添加的文本放在已标注尺寸的下面。

⑤ ：用于清除所有的附加文本。

⑥ 制图：在【类别】下拉列表框中选中该选项后，界面如图 7.47 所示，用户可以在此处选用所需要的制图符号，系统会自动将其写入附加文本框中。

⑦ 形位公差：在【类别】下拉列表框中选中该选项后，会出现如图 7.48 所示的界面，用户可以在此处选用所需要的几何公差符号，系统也会自动将其写入附加文本框中。

图 7.46 【附加文本】对话框

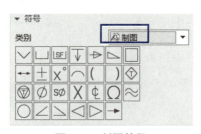

图 7.47 制图符号

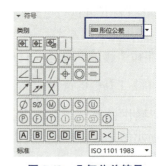

图 7.48 几何公差符号

4) ：单击该按钮，系统会弹出如图 7.49 所示的【文本设置】对话框，用于设置尺寸显示和放置等参数。此对话框与前面的【注释首选项】一样，此处不再重述。

2. 编辑文本

编辑文本是指对已经存在的文本进行编辑和修改，通过编辑文本可使文本符合注释的要求,【编辑文本】对话框如图 7.50 所示。

图 7.49 文本设置

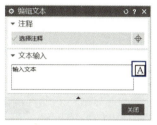

图 7.50 【编辑文本】对话框

（1）调用命令的方式

1）单击下拉菜单栏中的【菜单】→【编辑】→【注释】→【文本】。

2）单击工具栏的按钮 文本。

（2）操作过程 当需要对文本进行更为详细的编辑时，可单击工具栏中的文本按钮，系统将弹出【编辑文本】对话框，如图 7.50 所示。此时，若单击该对话框中的文本按钮 A，系统将弹出【文本】对话框，如图 7.51 所示。

（3）【文本】对话框的【编辑文本】选项组中的各工具可用于文本类型的选择和文本高度的编辑操作。编辑文本框是一个标准的多行文本输入区，它使用标准的系统位图字体，用于输入文本和系统规定的控制字符。【类别】下拉列表框中包含了 6 种选项，用于编辑文本符号。

3. 注释及编辑注释

（1）注释 注释主要用于对工程图上的相关内容做进一步说明，如零件的加工技术要求、标题栏中的有关文本及技术要求等，【注释】对话框如图 7.52 所示。

1）调用命令的方式。

① 单击下拉菜单栏中的【菜单】→【插入】→【注释】→【注释】。

② 单击工具栏的按钮 A 注释。

2）单击工具栏中的注释按钮，系统将弹出【注释】对话框，选择默认参数，在文本输入区输入文本的内容，输入完成后，在绘图区中指定任意一点为注释文字放置的位置即可，如图 7.53 所示。

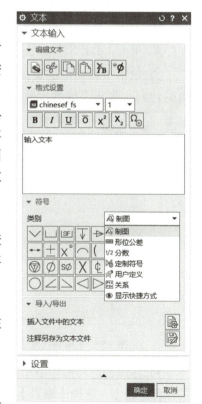

图 7.51 【文本】对话框

图 7.52 【注释】对话框

图 7.53 注释

(2) 编辑注释　在对视图注释完成后，用户可以通过【编辑注释】命令对视图的注释进行修改。该命令用于对已存在的注释进行编辑，包括字体、颜色和小数位数等。

1) 调用命令的方式。

① 单击下拉菜单栏中的【菜单】→【编辑】→【注释】→【注释对象】。

② 单击工具栏的按钮 ![icon] 。

2) 单击工具栏中的编辑注释按钮，这时鼠标指针上会有一个小扳手，单击要进行编辑的注释，弹出【编辑尺寸】对话框，如图 7.54 所示。在这里单击【标称值】下拉列表框 X.XX ，并在弹出的列表中选择 "0"，至此就完成了注释中小数位数的更改，如图 7.55 所示。

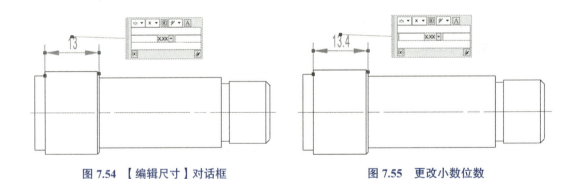

图 7.54 【编辑尺寸】对话框　　　　　　图 7.55 更改小数位数

3) 在编辑注释操作中单击的对象不同，弹出的对话框也会不同，此外，在要进行编辑的注释上右击，选择【编辑】命令也可以对注释进行编辑。

4. 表面粗糙度

表面粗糙度是指零件表面上具有的较小间距峰谷所组成的微观几何形状特征，【表面粗糙度】对话框如图 7.56 所示。

（1）调用命令的方式

1）单击下拉菜单栏中的【菜单】→【插入】→【注释】→【表面粗糙度】。

2）单击工具栏的按钮 √ 。

（2）表面粗糙度操作过程

单击工具栏中的表面粗糙度按钮，系统将弹出【表面粗糙度】对话框，设置如图 7.57 所示的表面粗糙度参数，选择要标注表面粗糙度的边，然后选择放置位置，结果如图 7.58 所示。

图 7.56 【表面粗糙度】对话框

图 7.57 设置表面粗糙度参数

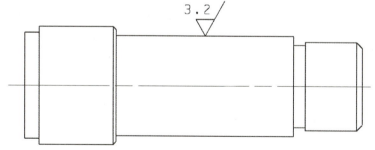

图 7.58 表面粗糙度标注

5. 几何公差标注

几何公差是将几何、尺寸和公差符号组合在一起形成的组合符号，它用于表示标注对象与参考基准之间的位置和形状关系。在创建单个零件或装配体的工程图时，一般需要对基准、加工表面进行有关基准或几何公差的标注。

1）单击工具栏中的基准特征符号按钮 ，参数设置如图 7.59 所示。

2）指定基准面/边：单击按钮 ，选择如图 7.60 所示的直线。

图 7.59 基准特征符号参数设置

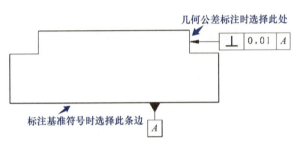

图 7.60 放置几何公差标注

3）放置基准标识符：移动鼠标，待符号放到适当位置后单击鼠标左键。

4）单击工具栏中的特征控制框按钮 ，弹出【特征控制框】对话框，参数设置如图 7.61 所示。

图 7.61 特征控制框参数设置

5）指定要标注几何公差的指引位置。单击按钮 ，选择尺寸线的端点，如图 7.60 所示。

6）放置几何公差标注：移动鼠标，待符号放到适当位置后单击鼠标左键，如图 7.60 所示。

项目七 吸尘器盖工程图

【任务训练】

创建如图 7.62 所示的吸尘器盖的工程图。主要涉及的命令包括基本视图、剖视图、首选项和尺寸标注等。

图 7.62 吸尘器盖

操作步骤如下。

1. 新建工程图

1）单击【文件】菜单栏中的打开按钮 ，弹出【打开】对话框，打开文件名为"吸尘器盖"的文件，单击【确定】按钮，如图 7.63 所示。

2）单击【应用模块】→【制图】按钮，进入制图模块。单击新建图纸页按钮 ，弹出【图纸页】对话框，选择【标准尺寸】，【大小】为"A0-841×1189"，其余选项采用系统默认值，如图 7.64 所示。单击【确定】按钮，完成新建工程图。

吸尘器盖工程图（一）

图 7.63 打开吸尘器盖模型

图 7.64 【图纸页】对话框及相应设置

2. 首选项设置

1）单击【首选项】菜单中的【可视化】，弹出【可视化首选项】对话框，选择【颜色】→【图纸布局】，把【单色显示】复选按钮取消勾选，如图 7.65 所示，单击【确定】按钮，完成可视化首选项设置。

2）单击【首选项】菜单中的【制图】，弹出【制图首选项】对话框，选择【工作流程】，把【显示】复选按钮取消勾选，如图 7.66 所示，单击【确定】按钮，完成制图首选项设置。

图 7.65　可视化首选项设置　　　　　　　图 7.66　制图首选项设置

3）单击【首选项】菜单中的【尺寸】，弹出【制图首选项】对话框，选择【尺寸文本】，【高度】为"4"，如图 7.67 所示，单击【确定】按钮，完成尺寸首选项设置。

4）单击【首选项】菜单中的【图纸视图】，弹出【制图首选项】对话框，选择【可见线】，设置相关参数，如图 7.68 所示，单击【确定】按钮，完成视图首选项设置。

图 7.67　尺寸首选项设置　　　　　　　图 7.68　图纸视图首选项设置

3. 创建吸尘器盖工程图

1）单击工具栏中的基本视图按钮 ，弹出【基本视图】对话框,【要使用的模型视图】选择"前视图",在绘图区内单击一点,作为基本视图的放置位置,如图 7.69 所示。

图 7.69　创建基本视图并放置

2）用鼠标指针向下拖动基本视图创建俯视图,向右拖动创建左视图,注意视图间要对齐,如图 7.70 所示。

图 7.70　创建俯视图和左视图

3）单击工具栏中的基本视图按钮 ，弹出【基本视图】对话框，【要使用的模型视图】选择"仰视图"，在绘图区内单击一点，作为仰视图的放置位置，并与俯视图和左视图对齐，如图 7.71 所示。

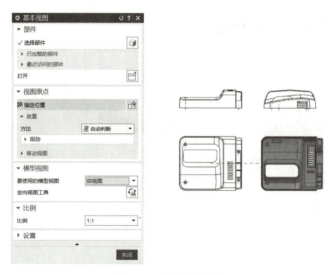

图 7.71　创建仰视图

4）单击工具栏中的剖视图按钮 ，弹出【剖视图】对话框，选择仰视图作为父视图，捕捉一个点，然后通过【截面线段】中的【指定位置】依次选择几个位置点进行阶梯剖切，如图 7.72 所示。

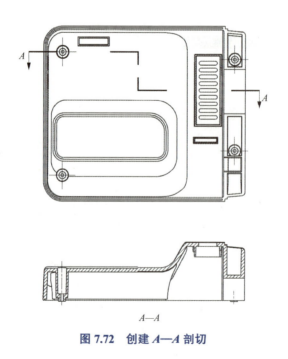

图 7.72　创建 $A—A$ 剖切

5）单击工具栏中的剖视图按钮 ，弹出【剖视图】对话框，选择仰视图作为父视图，捕捉一个点，然后将鼠标指针往右拖动，选择一点单击，确定放置位置，如图 7.73 所示。

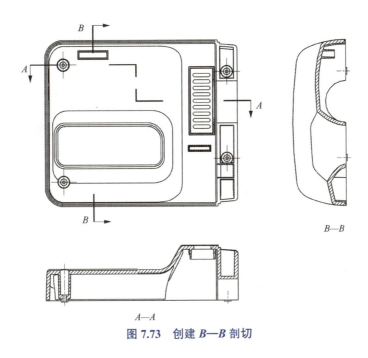

图 7.73　创建 *B—B* 剖切

6）单击工具栏中的剖视图按钮 ，弹出【剖视图】对话框，选择仰视图作为父视图，捕捉一个点，然后将鼠标指针往右拖动，选择一点单击，确定放置位置，如图 7.74 所示。

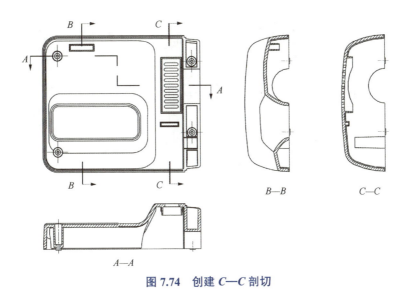

图 7.74　创建 *C—C* 剖切

7）单击工具栏中的剖视图按钮 ，弹出【剖视图】对话框，选择仰视图作为父视图，捕捉圆筒的圆心，然后将鼠标指针往右拖动，选择一点单击，确定放置位置，如图 7.75 所示。

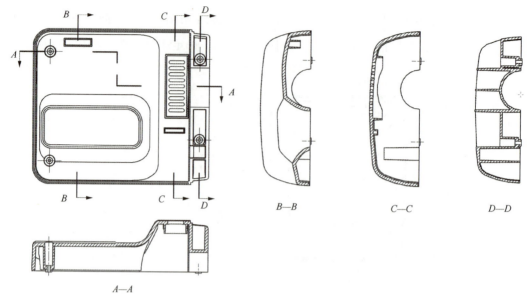

图7.75 创建 D—D 剖切

8)选中视图,按住鼠标左键拖动已创建好的视图和字母,使其摆放位置更合理,完成吸尘器盖视图的创建,如图7.76所示。

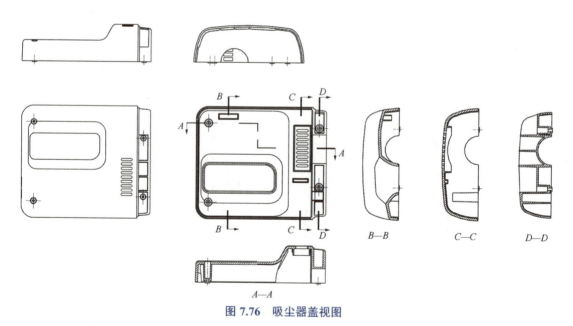

图7.76 吸尘器盖视图

4. 尺寸标注

1)单击工具栏中的快速尺寸按钮 ,对吸尘器盖视图进行尺寸标注,如图7.77所示。

项目七 吸尘器盖工程图

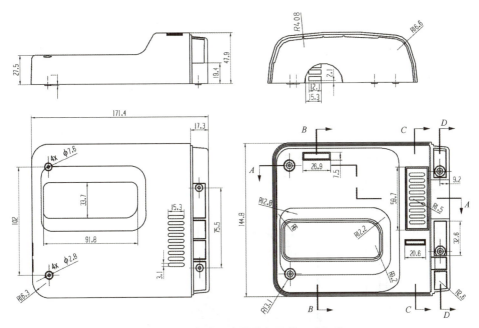

图 7.77 创建吸尘器盖视图的尺寸标注

2）单击工具栏中的快速尺寸按钮 ，对吸尘器盖剖视图进行尺寸标注，如图 7.78 所示。

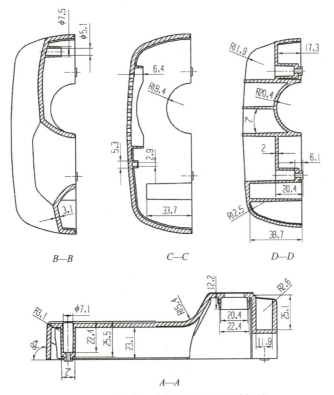

图 7.78 创建吸尘器盖剖视图尺寸标注

243

5. 创建吸尘器盖轴测图

1）单击工具栏中的基本视图按钮 ，弹出【基本视图】对话框,【要使用的模型视图】选择"正等测图",在绘图区内的右上角单击一点作为正等测图的放置位置,如图 7.79 所示。

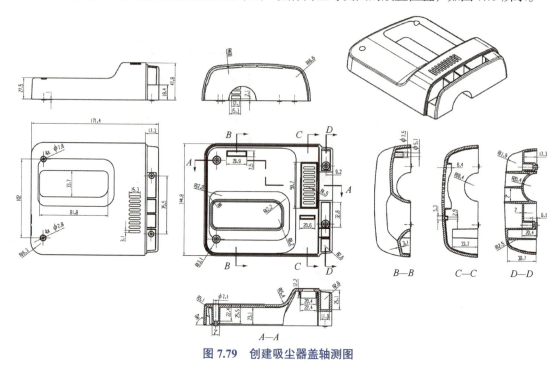

图 7.79 创建吸尘器盖轴测图

2）单击工具栏中的基本视图按钮，弹出【基本视图】对话框,【要使用的模型视图】选择"正等测图",单击定向视图工具按钮，在【定向视图】窗口中按下鼠标滚轮,旋转视图,使内部结构朝上,如图 7.80 所示。在绘图区内右上角单击一点作为正等测图的放置位置,完成吸尘器盖工程图的创建,如图 7.81 所示。

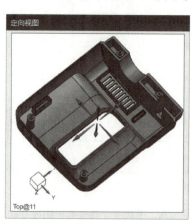

图 7.80 【定向视图】窗口

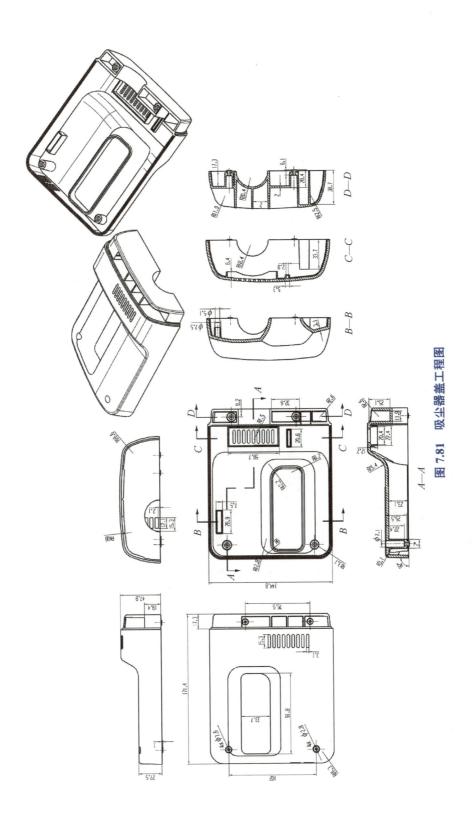

图 7.81 吸尘器盖工程图

【课后习题】

1. 思考题

(1) 简述什么是视图。

(2) 剖视图有哪几种？

(3) UG NX 的标注方式有哪些？

2. 练习题

用所学的命令画出图 7.82 所示的图形。

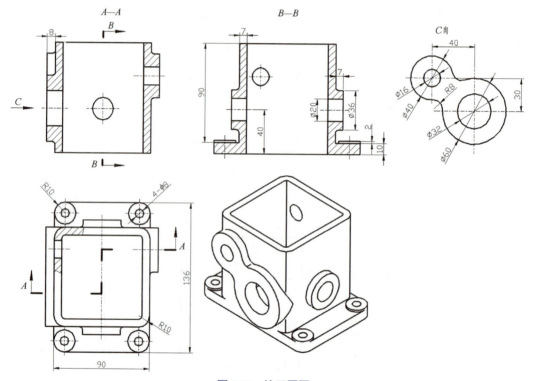

图 7.82　练习题图

项目八
智能玩具飞机装配

【项目描述】

本项目主要学习装配设计的基本方法，包括设置工作部件、新建爆炸图、WAVE 几何链接器、自动爆炸组件等命令（有些命令默认不显示，可从【定制】或【命令查找器】里调出）的应用。

【学习目标】

- 知识目标
◎ 熟悉装配中的关联控制及 WAVE 几何链接器的应用。
◎ 掌握爆炸图的操作。

- 情感目标
◎ 提高装配思路分析能力。
◎ 提高将理论应用于实践的能力。
◎ 提高动手操作的能力及团结协作的精神。

【学习任务】

智能玩具飞机装配

【知识链接】

一、关联控制

1. 设置工作部件

设置工作部件命令可将某个部件激活为当前工作部件，成为工作部件后就可以对其进行编辑,如产生草图、生成新的特征等。在当前的设计装配导航器中,每次只能设置一个工作部件,设为工作部件的部件会正常显示,其他部件会转为灰色显示,如图 8.1 所示。

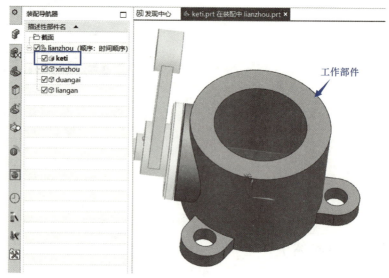

设置工作部件、
显示部件

图 8.1 设置工作部件

设置工作部件有以下几种方法。

1）最快捷的方法是双击需要设置的部件。

2）单击工具栏中的设置工作部件按钮,弹出【设置工作部件】对话框,选择需要设置为工作部件的部件即可,如图 8.2 所示。

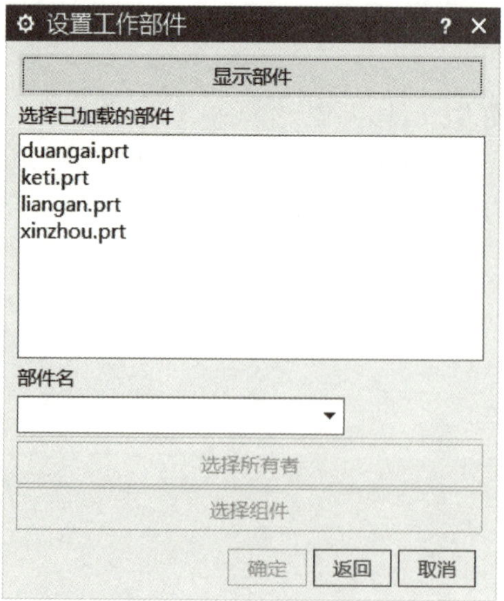

图 8.2 【设置工作部件】对话框

3)单击菜单栏中的【装配】→【关联控制】→【设置工作部件】,使部件转为工作部件。

4)在图形窗口中右击某个部件,在弹出的快捷菜单中执行【设置工作部件】命令。

5)在装配导航器中找到需要设为工作部件的部件,然后双击该部件。

6)在装配导航器中右击某个部件节点,在弹出的快捷菜单中执行【设置工作部件】命令。

2. 在窗口中打开部件

在窗口中打开部件命令可将某个部件单独显示,成为显示部件后就可以对其进行编辑操作了。转为显示部件与使之成为工作部件的最大不同之处在于,显示部件可以单独显示,如图 8.3 所示。

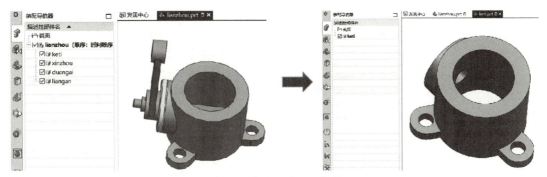

图 8.3 在窗口中打开部件

在设计单一部件时,工作部件和显示部件是相同的,在装配设计时,工作部件和显示部件可以相同也可以不同,工作部件和显示部件必须始终使用相同的单位。

设为显示部件有以下 4 种方法。

1)单击工具栏中的在窗口中打开部件按钮 ▣ ,使部件转为显示部件。

2)单击菜单栏中的【装配】→【关联控制】→【在窗口中打开部件】命令,使部件转为显示部件。

3)在图形窗口中右击某个部件,在弹出的快捷菜单中执行【在窗口中打开部件】命令。

4)在装配导航器中右击某个部件节点,在弹出的快捷菜单中执行【在窗口中打开部件】命令。

二、爆炸图

爆炸图可在装配环境下将装配体中的组件拆分开来,其目的是更好地显示整个装配体的组成情况,通过对组件的分离,能够清晰地反映组件的装配方向和关系。

爆炸图本质上也是一个视图,与其他用户定义的视图相同,一旦爆炸图被定义和命名,就可以被添加到其他图形中,爆炸图不会影响实际的装配模型,它只被用来观察视图,并可输出到工程图中,一个装配图可以创建多个组件的多个爆炸图,并且在任何视图中都可以显示爆炸图和非爆炸图。

1. 新建爆炸图

要查看装配实体的爆炸效果,首先需要新建爆炸图,【爆炸】对话框如图 8.4 所示。

(1) 调用命令的方式

1) 单击下拉菜单栏中的【装配】→【爆炸图】→【新建爆炸图】。

2) 单击工具栏的按钮 。

编辑爆炸图

(2) 操作过程　用户可以根据实际需要在【爆炸名称】文本框中输入爆炸图名称,系统默认的名称为"爆炸 1",如图 8.5 所示,可以采用"手动"或"自动"方式创建爆炸图,完成设置后,单击【确定】按钮即可创建一个爆炸图,也可对爆炸图进行编辑。

图 8.4　【爆炸】对话框

图 8.5　【编辑爆炸】对话框

2. 自动爆炸组件

自动爆炸组件命令可定义爆炸图中的一个或多个选定组件的位置,此命令可沿基于组件装配约束的法向矢量来偏置每个选定的组件,但对未约束的组件无效,使用该命令,不能一次就生成理想的爆炸图,一般还要手动优化自动爆炸图,如图 8.6 所示。

3. 取消爆炸组件

取消爆炸组件命令可将一个或多个选定组件恢复至其未爆炸时的原始位置,如图 8.7 所示。

4. 删除爆炸图

当不需要显示装配体的爆炸效果时,可以使用删除爆炸图命令将其删除,如果存在多个爆炸图,将显示所有爆炸图的列表,以便用户选择要删除的爆炸图,单击删除爆炸图按钮,即可删除爆炸图,如图 8.8 所示。

项目八 智能玩具飞机装配

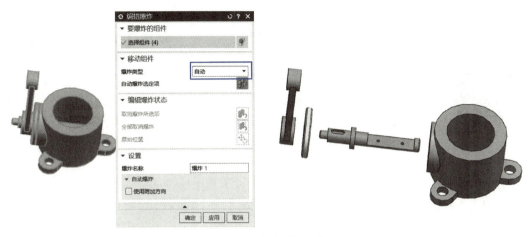

图 8.6 自动爆炸组件

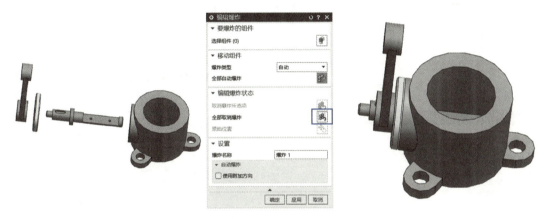

图 8.7 取消爆炸组件

图 8.8 删除爆炸图

三、WAVE 几何链接器

WAVE 几何链接器

WAVE 几何链接器可以在工作部件中创建与同一装配中其他部件相关联或不相关联的几何体。当创建相关联的几何体时，这些几何体会被链接到装配中的其他部件。链接的几何体会与它们的父几何体保持同步，这意味着对父几何体的任何修改都会自动更新到所有链接了该几何体的部件中。这一功能类似于建模模块中的【抽取几何体】命令，但该功能侧重于跨部件的几何体同步与关联，【WAVE 几何链接器】对话框如图 8.9 所示。

（1）调用命令的方式

1）单击下拉菜单栏中的【插入】→【关联复制】→【WAVE 几何链接器】。

2）单击工具栏的按钮 WAVE 几何链接器。

（2）复合曲线　该选项用于从装配体中的另一部件处链接一条曲线或线串到工作部件。选择该选项，并选择需要链接的曲线后，单击【确定】按钮即可将选中的曲线链接到当前工作部件，如图 8.10 所示。

图 8.9　【WAVE 几何链接器】对话框

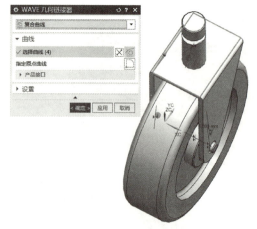

图 8.10　链接曲线

（3）点　该选项用于链接在装配体的另一部件中建立的点或直线到工作部件。

（4）基准　该选项用于从装配体的另一部件处链接一个基准特征到工作部件。

（5）草图　该选项用于从装配体的另一部件处链接一个草图到工作部件。

（6）面　该选项用于从装配体的另一部件处链接一个或多个面到工作部件，如图 8.11 所示。

（7）面区域　该选项用于在同一装配体的部件间创建链接区域（相邻的多个面）。

（8）体　该选项用于链接一个实体到工作部件。

（9）镜像体　该选项用于将当前装配体中的一个部件的特征相对于指定平面进行镜像，操作时，需要先选择特征，再选择镜像平面，如图 8.12 所示。

（10）管线布置对象 该选项用于从装配体的另一部件处链接一个或多个管道对象到工作部件。

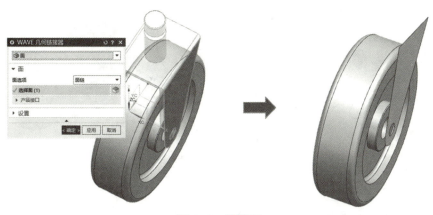

图 8.11 链接面

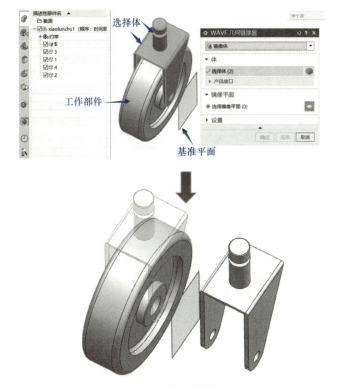

图 8.12 链接镜像体

【任务训练】

完成如图 8.13 所示的智能玩具飞机装配。主要涉及的命令包括添加组件、新建爆炸图、自动爆炸组件、编辑爆炸图、装配约束等。

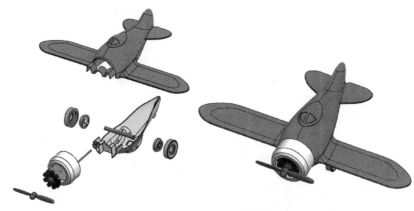

图 8.13　智能玩具飞机装配

1. 新建装配文件

单击【文件】菜单栏中的新建按钮，弹出【新建】对话框，在【模型】选项卡中选择【装配】模块，设置文件名为"智能玩具飞机"，如图 8.14 所示。

智能玩具飞机
装配（一）

图 8.14　新建装配文件

2. 添加智能玩具飞机下壳体

1）单击添加组件按钮，弹出【添加组件】对话框，单击打开按钮，找到"下壳体"文件。【装配位置】选择"对齐"，【选择对象】为"绝对原点"，其余选项采用系统默认值，如图 8.15 所示。

2）单击【确定】按钮，将下壳体添加到装配图中，固定约束，如图 8.16 所示。

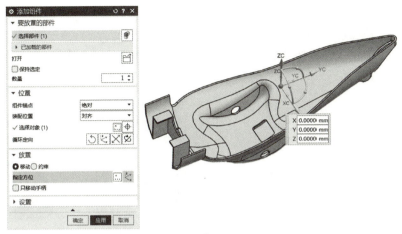

图 8.15 【添加组件】对话框及相关设置

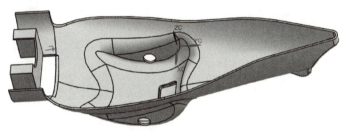

图 8.16 添加下壳体

3. 添加智能玩具飞机防护罩

1）单击添加组件按钮 ![添加组件], 弹出【添加组件】对话框, 单击打开按钮, 找到"防护罩"文件。单击选择对象按钮 ![...], 在绘图区任意空白处单击放置位置点, 其余选项采用系统默认值, 单击【确定】按钮, 如图 8.17 所示。

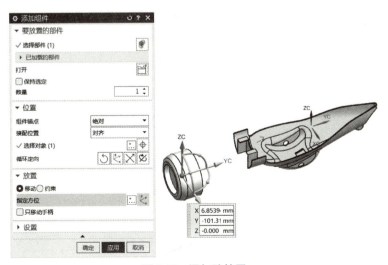

图 8.17 添加防护罩

2）单击装配约束按钮 ，弹出【装配约束】对话框，在【类型】中选择"同心"，如图 8.18 所示。依次选择防护罩和下壳体的表面圆弧，单击【确定】按钮，如图 8.19 所示。

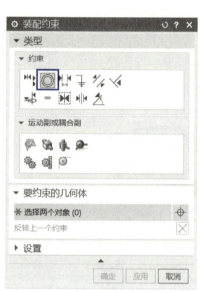

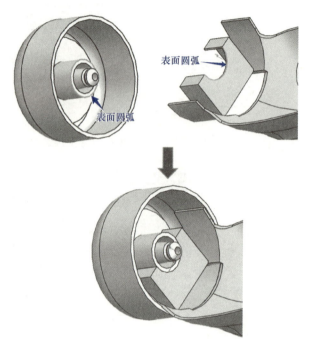

图 8.18 【装配约束】对话框（防护罩和下壳体）

图 8.19 同心约束（防护罩和下壳体）

4. 添加智能玩具飞机连接杆 1

1）单击添加组件按钮 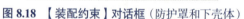，弹出【添加组件】对话框，单击打开按钮，找到"连接杆 1"文件。单击选择对象按钮，在绘图区任意空白处单击放置位置点，其余选项采用系统默认值，单击【确定】按钮，如图 8.20 所示。

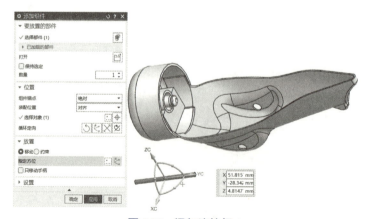

图 8.20 添加连接杆 1

2）单击装配约束按钮 ，弹出【装配约束】对话框，在【类型】中选择"接触对齐",【方位】选择"对齐",如图8.21所示。依次选择连接杆1和防护罩轴线,单击【确定】按钮,如图8.22所示。

图8.21 【装配约束】对话框
（连接杆1和防护罩轴线）

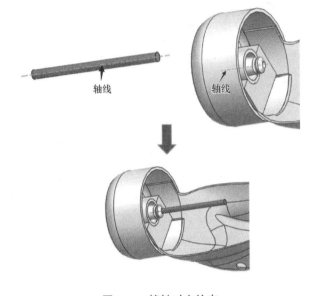

图8.22 接触对齐约束
（连接杆1和防护罩轴线）

3）单击装配约束按钮 ，弹出【装配约束】对话框，在【类型】中选择"距离",如图8.23所示。依次选择连接杆1表面和防护罩表面,【距离】设置为"5",单击【确定】按钮,如图8.24所示。

图8.23 【装配约束】对话框（连接杆1和防护罩表面）

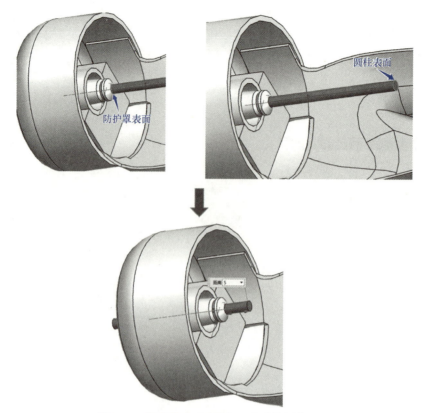

图 8.24 距离约束（连接杆 1 和防护罩表面）

5. 添加智能玩具飞机齿轮

1）单击添加组件按钮 ，弹出【添加组件】对话框，单击打开按钮，找到"齿轮"文件。单击选择对象按钮 ，其余选项采用系统默认值，单击【确定】按钮，在绘图区任意空白处单击放置位置点，如图 8.25 所示。

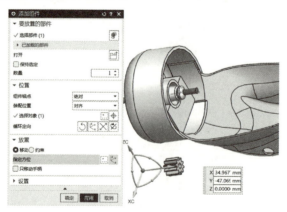

图 8.25 添加齿轮

2）单击装配约束按钮 ，弹出【装配约束】对话框，在【类型】中选择"同心",

依次选择连接杆 1 和齿轮表面圆弧，单击【确定】按钮，如图 8.26 所示。

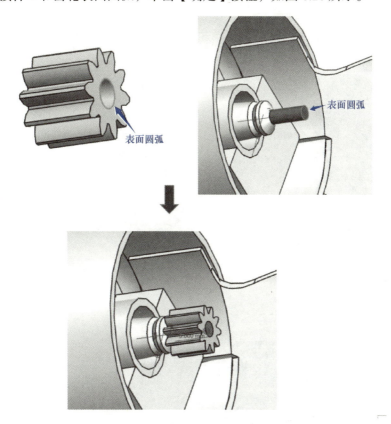

图 8.26　同心约束（连接杆 1 和齿轮表面圆弧）

6. 添加智能玩具飞机附件

1）单击添加组件按钮 ，弹出【添加组件】对话框，单击打开按钮，找到"附件"文件。单击选择对象按钮，在绘图区任意空白处单击放置位置点，其余选项采用系统默认值，单击【确定】按钮，如图 8.27 所示。

图 8.27　添加附件

2）单击装配约束按钮 ![]，弹出【装配约束】对话框，在【类型】中选择"同心"，依次选择防护罩和附件表面圆弧，单击【确定】按钮，如图 8.28 所示。

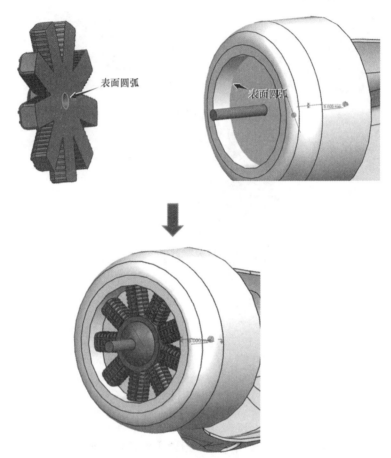

图 8.28　同心约束（防护罩和附件表面圆弧）

7. 添加智能玩具飞机螺旋桨

1）单击添加组件按钮 ![]，弹出【添加组件】对话框，单击打开按钮，找到"螺旋桨"文件。单击选择对象按钮 ![]，在绘图区任意空白处单击放置位置点，其余选项采用系统默认值，单击【确定】按钮，如图 8.29 所示。

2）单击装配约束按钮 ![]，弹出【装配约束】对话框，在【类型】中选择"同心"，依次选择连接杆 1 和螺旋桨表面圆弧，单击【确定】按钮，如图 8.30 所示。

8. 添加智能玩具飞机连接杆 2

1）单击添加组件按钮 ![]，弹出【添加组件】对话框，单击打开按钮，找到"连接杆 2"文件。单击选择对象按钮，在绘图区任意空白处单击放置位置点，其余选项采用系统默认值，单击【确定】按钮，如图 8.31 所示。

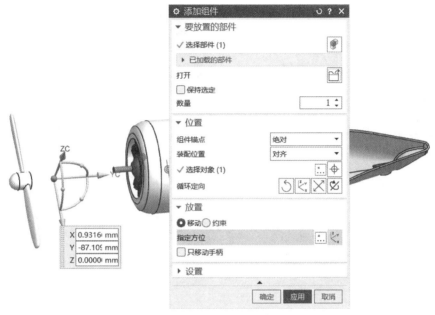

图 8.29 添加螺旋桨

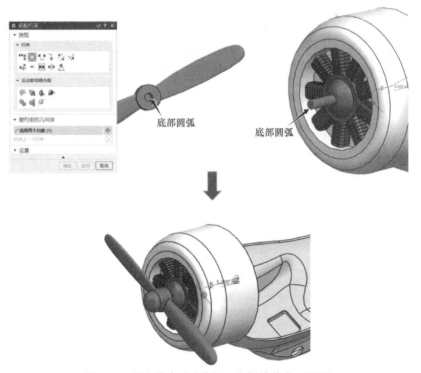

图 8.30 同心约束（连接杆 1 和螺旋桨表面圆弧）

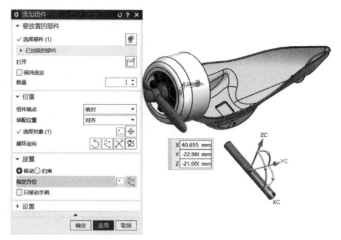

智能玩具飞机
装配（二）

图 8.31　添加连接杆 2

2）单击装配约束按钮 ，弹出【装配约束】对话框，在【类型】中选择接触对齐，【方位】选择"对齐"，依次选择连接杆 2 和下盖孔轴线，单击【确定】按钮，如图 8.32 所示。

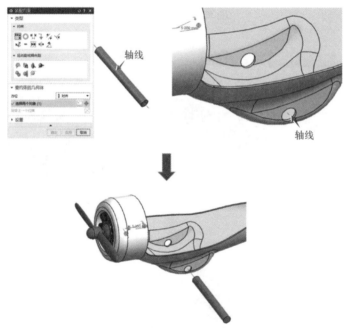

图 8.32　接触对齐约束（连接杆 2 和下盖孔轴线）

3）单击装配约束按钮 ，弹出【装配约束】对话框，在【类型】中选择"距离"，依次选择连接杆 2 表面和防护罩轴线，【距离】设置为"18.5"，单击【确定】按钮，如图 8.33 所示。

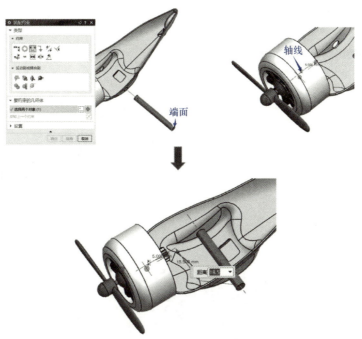

图 8.33 距离约束（连接杆 2 表面和防护罩轴线）

9. 添加智能玩具飞机轮毂

1）单击添加组件按钮 ，弹出【添加组件】对话框，单击打开按钮，找到"轮毂"文件。单击选择对象按钮 ，在绘图区任意空白处单击放置位置点，其余选项采用系统默认值，单击【确定】按钮，如图 8.34 所示。

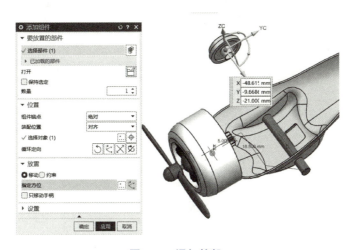

图 8.34 添加轮毂

2）单击装配约束按钮 ，弹出【装配约束】对话框，在【类型】中选择"同心"，

263

依次选择连接杆 2 和轮毂表面圆弧，单击【确定】按钮，如图 8.35 所示。

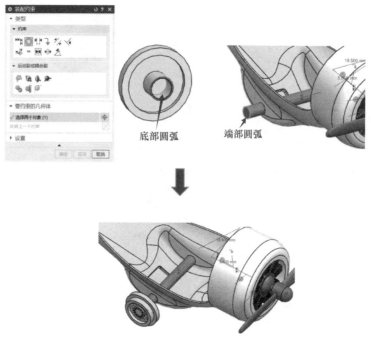

图 8.35 同心约束（连接杆 2 和轮毂表面圆弧）

10. 添加智能玩具飞机轮胎

1）单击添加组件按钮 ，弹出【添加组件】对话框，单击打开按钮，找到"轮胎"文件。定位方式选择"选择对象"，在绘图区任意空白处单击放置位置点，其余选项采用系统默认值，单击【确定】按钮，如图 8.36 所示。

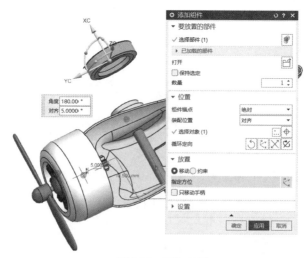

图 8.36 添加轮胎

项目八 智能玩具飞机装配

2)单击装配约束按钮 ，弹出【装配约束】对话框，在【类型】中选择"同心"，依次选择轮胎和轮毂端面圆弧，单击【确定】按钮，如图 8.37 所示。

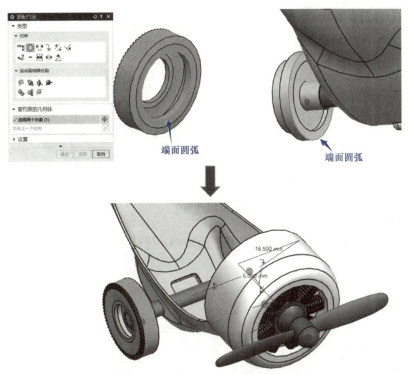

图 8.37 同心约束（轮胎和轮毂端面圆弧）

3)单击工具栏中的镜像装配按钮 ，弹出【镜像装配向导】对话框，如图 8.38 所示。

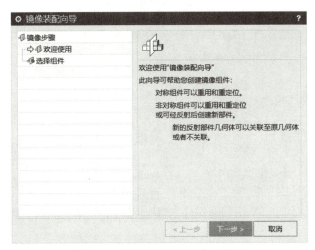

图 8.38 【镜像装配向导】对话框

4)单击【下一步】按钮,选择轮胎和轮毂作为要镜像的组件,如图 8.39 所示。

图 8.39　选择要镜像的组件

5)单击【下一步】按钮,创建基准平面,选择 YC-ZC 平面作为镜像的基准平面,如图 8.40 所示。

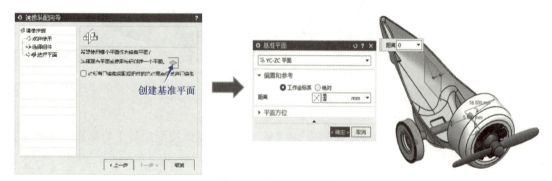

图 8.40　创建基准平面

6)一直单击【下一步】按钮,直至组件镜像完成,再单击【完成】按钮,结束镜像装配操作,如图 8.41 所示。

11. 添加智能玩具飞机上壳体

1)单击添加组件按钮 ，弹出【添加组件】对话框,单击打开按钮,找到"上壳体"文件。定位方式为"选择对象",在绘图区任意空白处单击放置位置点,其余选项采用系统默认值,单击【确定】按钮,如图 8.42 所示。

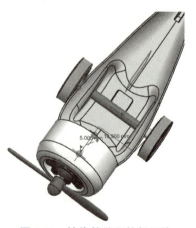

图 8.41　镜像轮胎和轮毂组件

项目八 智能玩具飞机装配

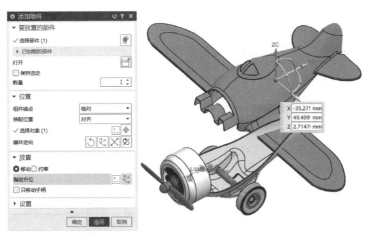

图 8.42 添加上壳体

2）单击装配约束按钮 ，弹出【装配约束】对话框，在【类型】中选择"同心"，依次选择上壳体和下壳体表面圆弧，单击【确定】按钮，最终智能玩具飞机装配完成，如图 8.43 所示。

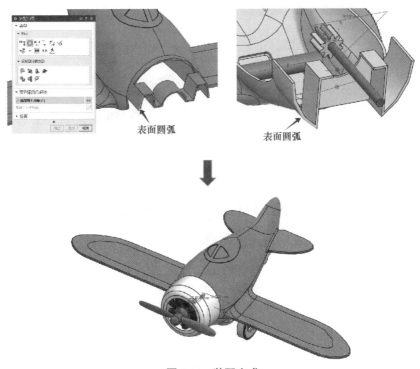

图 8.43 装配完成

3）依次单击爆炸按钮 →新建爆炸图按钮 ，选择【爆炸类型】为"自动"，选

267

择全部智能玩具飞机组件,单击自动爆炸选定项按钮,如图 8.44 所示。自动爆炸图可能并不理想,可以根据自己的要求在【编辑爆炸】对话框中,选择【爆炸类型】为"手动",然后对各个部件进行位置调整,以达到相对理想的状态,如图 8.45 所示。

图 8.44 自动爆炸图

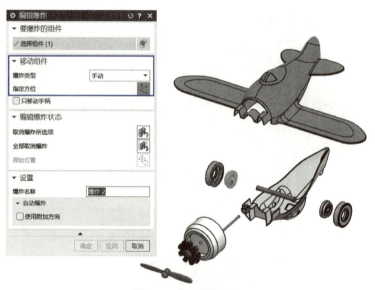

图 8.45 编辑爆炸图

【课后习题】

1. 思考题

(1) 可以使用什么命令创建爆炸图?如果爆炸图效果不符合要求,需要怎样处理?

(2) 怎样取消爆炸图?

(3) 简述 WAVE 几何链接器的操作方法。

2. 练习题

根据连接架各零件的三视图（见图 8.46）绘制其三维图形，并按图装配。

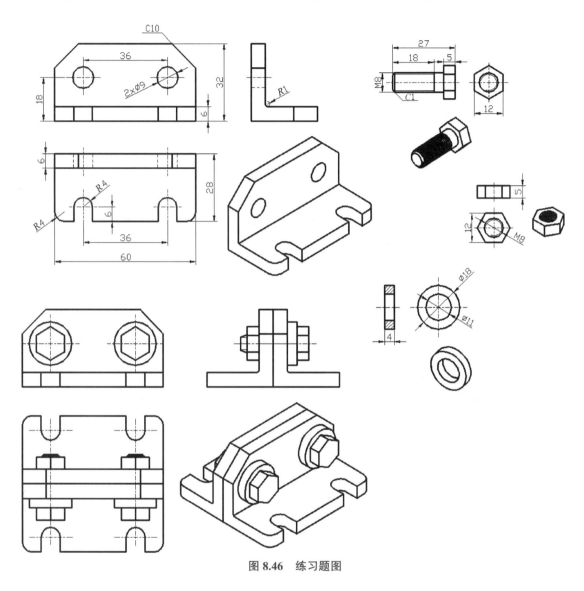

图 8.46　练习题图

参考文献

[1] 周宝冬，吴卫华. UG NX 12.0 应用案例基础教程［M］. 北京：机械工业出版社，2019.
[2] 詹建新，张日红. UG NX 12.0 产品设计、模具设计与数控编程从新手到高手［M］. 北京：清华大学出版社，2021.
[3] 单岩，吴立军，蔡娥. UG NX 12 三维造型技术基础［M］. 3 版. 北京：清华大学出版社，2019.
[4] 沈敬. UG NX 三维造型项目教程（微课版）［M］. 北京：科学出版社，2021.
[5] 裴承慧，刘志刚. UG NX 12.0 三维造型与工程制图［M］. 北京：机械工业出版社，2020.
[6] 林益平，郝喜海，余江鸿，等. UG 软件在某多功能包装机三维造型设计中的应用［J］. 轻工机械，2003（2）：29-31.
[7] 朱光力. UG 三维造型中巧妙运用"交"运算［J］. 机械设计与制造，2006（2）：141.
[8] 杨立云，张良贵，李彩风. 三维造型设计［M］. 北京：北京理工大学出版社，2022.
[9] 罗应娜，舒鹤鹏. UG NX10.0 三维造型全面精通实例教程［M］. 北京：机械工业出版社，2018.
[10] 伍胜男，慕灿，张宗彩. UG 三维造型实践教程［M］. 北京：化学工业出版社，2016.
[11] 袁锋. UG 机械设计工程范例教程：高级篇［M］. 2 版. 北京：机械工业出版社，2009.
[12] 余宁，阮毅. 产品三维造型设计方案的探讨［J］. 机电工程技术，2002（1）：39-41.
[13] 宁佶，赵靖. UG NX 8.0 三维造型技能［M］. 南京：东南大学出版社，2014.